はじめに

私にとって初めてとなるこの本を、
手に取ってくださり、
ありがとうございます。
出産しても変わらず、
SNSなどで同じ立場の女性たちから
共感や励ましの声を頂くなかで
今の自分や生活を、これまでとは違う形で
お伝えしたいと強く思うようになりました。
女性として、母として、
オシャレや生活を前向きに楽しむための
自分なりのアイデアを、詰め込んだつもりです。
この本が、少しでも、
みなさんのお役に立てば幸いです……

感謝を込めて
田丸麻紀

Index

はじめに — 003

Chapter-1
男の子ママな7days — 006
ぺたんこ、時々ヒール靴です！

Chapter-2
ママカジュアルの作り方 — 016
ベーシックアイテムに小物で味つけするのがMY定番
私のクローゼット018／ベーシックアイテム＆着回し020／鉄板アイテム春夏秋冬032

コラム back to VERY — 050

Chapter-3
ぺたんこ靴とカジュアル小物 — 052
実用的な小物がオシャレの主役になりました
きれいめフラットシューズ054／ハイカットスニーカー055／トングサンダル056／ブーツ057／UGG058／PELLICO059／ストール060／ニット帽＆伊達メガネ061／プリプラアクセ062／ターコイズアクセ063

コラム back to VERY — 064

Chapter-4
ハイヒールとリッチな小物 — 066
ママになっても女心を忘れないための特別アイテムがあります。
ベージュパテントヒール067／黒ヒール068／カラーヒール070／キラキラヒール071／主人から贈られたジュエリー072／バーキン074／エルメスのアイテム076／自分買いのジュエリー078／腕時計080／白バッグ082／等身大ジュエリー084

Chapter-5
初めての子育て — 086
男の子ママ頑張っています
ロングインタビュー086／マタニティ日記093／おうち着のオシャレ096／男の子服のお気に入り098／おもたせ100／ギフト102／お気に入り子供グッズ104／ママバッグ106／ママバッグの中身108

コラム back to VERY — 110

Chapter-6
ビューティ — 112
毎日おうちでセルフ美容を楽しんでいます
メーク114／スキンケア115／香水116／ネイル117／お風呂美容118／インナーウェア122

Chapter-7
インテリア — 124
暮らしのこと
キッチン125／ダイニング126／リビング130／ガーデンテラス134／キッズルーム136／ベッドルーム138

エピローグ — 140

Chapter-1

田丸麻紀の
男の子ママな
7days

**ぺたんこ、
時々ヒール靴です！**

子供を産んでも基本的に好きな服のテイストは変わらず以前と同じ。
ひとつ大きく変化したのは、今までと比べ
ぺたんこ靴の登場回数がぐっと増えたこと！
子供と過ごす日常は安心して抱っこできるぺたんこ、
そして時々ヒールでしゃきっと気分を上げる。
母になった今、そんなメリハリのあるオシャレを楽しんでいます。

Day / 1

息子と耳鼻科の健診へ

子供を耳鼻科へ連れていく時は、ノルディック柄ニット×パンツの楽ちんなコーデで。
服がシンプルな日は、アクセントとしてメガネを投入することも多いです。足元は暖かくて着脱が楽なUGG®のスリッポンがマスト。

knit／UNIQLO×INES DE LA FRESSANGE　pants／Drawer　tote bag／THE CONRAN SHOP　shoes／UGG
bracelet／CHAN LUU　glasses／BARTON PERREIRA　stroller／Combi

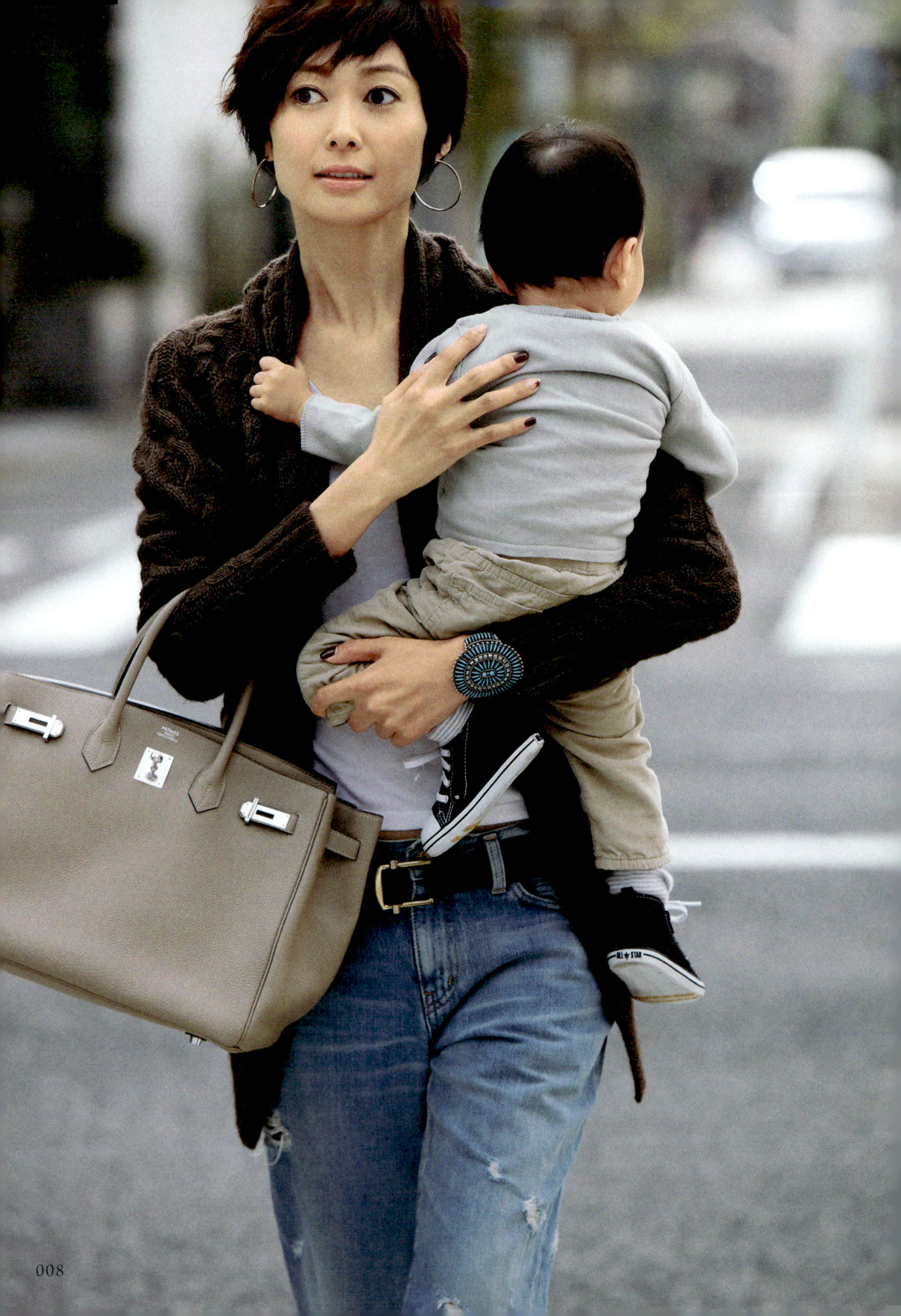
ALL STAR

子供と一緒の出勤時間

時には、子供を仕事場に連れていくことも。
抱っこした時、顔に触れても安心な肌触りのいいロング丈の
ニットカーディガンが役に立ちます。ラフになりすぎないように
グレージュのバーキンできちんと感を。

cardigan／VINCE　T-shirt／GAP　denim／MUSE de Deuxième Classe
bag／HERMÈS　bangle／Harpo　belt・pierce／no brand　shoes／PELLICO

Day / 3

ママ友と子連れランチ

気の置けない女友達と、東京ミッドタウンのニルヴァーナでカレーランチ。子連れに優しくて美味しいのでお気に入りです。
黒タートルにぱっきりしたピンクのスカートとバッグ、耳元には大粒パールを合わせて、華やかさと大人の可愛らしさを意識。

knit／nano・universe　skirt／DRESSTERIOR　shoes／SARTORE　bag／FURLA　pierce／no brand　stroller／bugaboo

Day / 4

抱っこひもで近所の和菓子屋さんへ

ご近所までちょっと買物に出る時は、身軽に動ける抱っこひもで。服と合わせやすく、主人とも兼用できるオンヤベビーの黒を愛用しています。引っ張られるネックレスや揺れるピアスなどは避け、代わりにアクセントとしてポンポンつきニット帽を取り入れます。

cut&sewn ／ n100 pants ／ DOUBLE STANDARD CLOTHING knit cap ／ Deuxième Classe bag ／ Ralph Lauren
shoes ／ CONVERSE pierce ／ made to order bracelet ／ Cartier code bracelet ／ MIZUKI watch ／ IWC

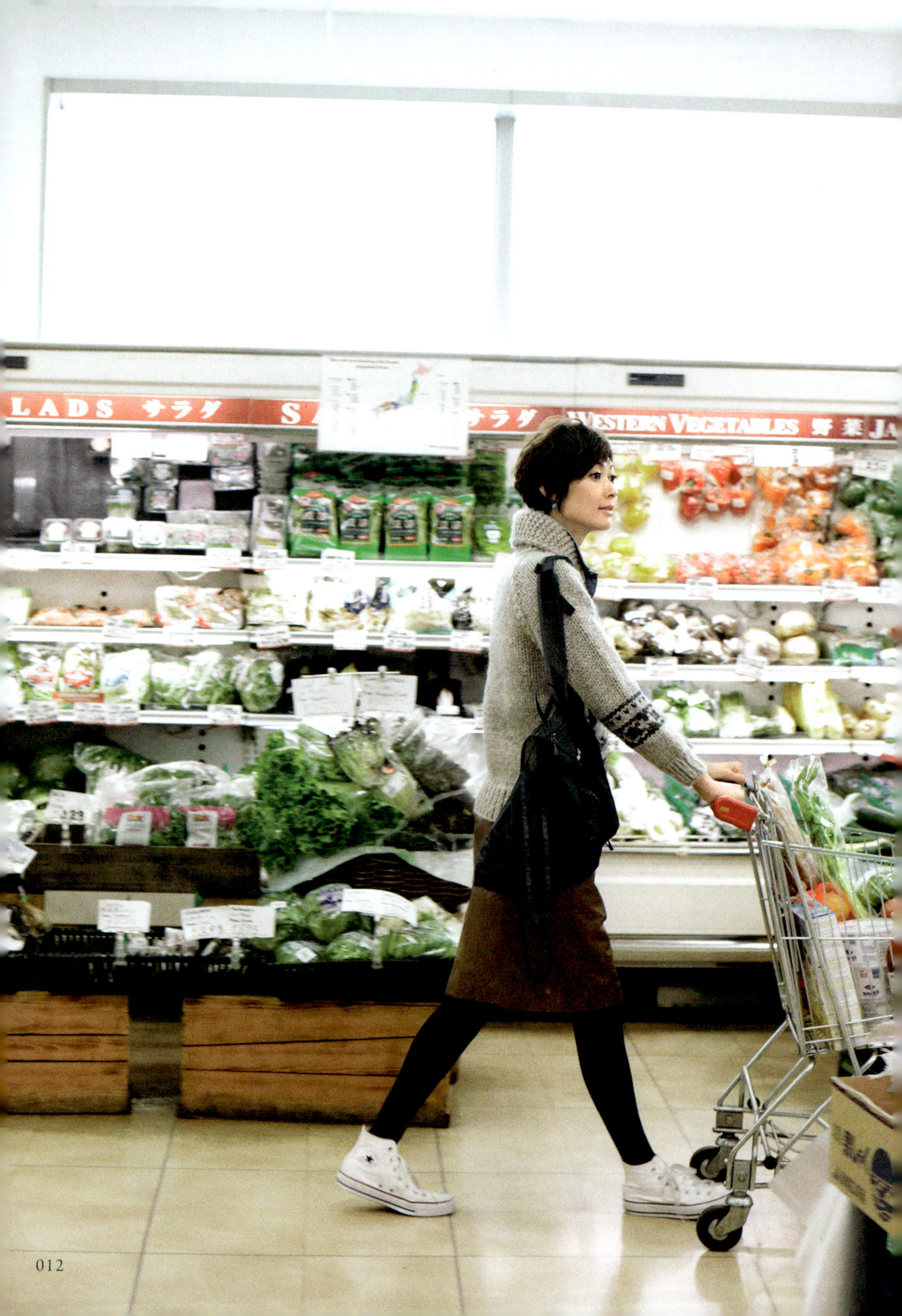
LADS サラダ
サラダ
WESTERN VEGETABLES 野菜

Day / 5

スーパーへ夕飯の買い出しに

食材の買い出しなど荷物の多い日は
モンベルのリュックが便利。
アウトドアブランドだけに軽くて使い勝手も優秀です。
秋冬のMY定番アイテム、カウチンニットに
レザーのタイトを合わせて少しだけ大人っぽく。

cowichan sweater／edit & co. Cowichan　denim shirt／BAYFLOW
skirt／Whim Gazette　backpack／mont-bell
shoes／CONVERSE　pierce／5 OCTOBRE

Day /6

移動の合間、つかの間のひとり時間

早朝から撮影、打合せと分刻みで動く忙しい日。一瞬の隙間時間、車の中でゆっくりと目を閉じ深呼吸して
気持ちをクリアに整えます。カシミアのファーストールを羽織って、つかの間のリラックスタイム。

knit／Whim Gazette　fur stole／BARBAJADA　bracelet／Cartier　ring／FEDERICO BUCCELLATI

Day / *7*

主人と友人宅のホームパーティへ

家族ぐるみで仲のいい友人宅でのホームパーティには、カーキシャツ×タイトスカートのちょっと辛口な女らしい装いで。
主人と一緒のお出かけは、クラッチバッグやヒール靴を身につけることも多いです。

shirt／Deuxième Classe　skirt／Jonathan Simkhai　bag／STELLAR HOLLYWOOD　shoes／PELLICO
stole／edit & co.　watch／JAEGER-LECOULTRE　belt・pierce／no brand

015

Chapter-2

田丸さん流
ママカジュアルの作り方

ベーシックアイテムに
小物で味つけするのがMY定番

お仕事や特別な日にはヒール靴やドレスも身につけますが
普段はやっぱり動きやすいカジュアルが中心。
ベーシックなものをメインに、アクセやバッグなど
小物で旬の空気を加えるのが私流です。
よく驚かれるのですが、物持ちもかなりいいほう。
5年以上愛用しているアイテムもザラにあります。

お気に入りの音楽をかけながらクローゼットでコーディネートを考えるのは大好きな時間！　雑誌をパラパラめくりながら
イメージをふくらませたり、時にはパントンのカラーチップを見ながら服の色の組合せを考えたりすることも。

My Closet —— [マイクローゼット]
初公開！ これが私のクローゼットです

デニムは一番よく履く10本を二つ折りして
手の届く位置に置いています

アクセはパッと一覧できるよう
ネット通販で買った仕切りに入れて

1年中使うサングラスは箱から出し
専用ボックスに入れれば一目瞭然

薄いニットはシワにならないよう
浅いタンスにずらして並べます

たまにしか履かないハデ靴は
手入れをして専用シュースペースに

バッグは型崩れしないよう
詰め物をして高さ別に立てて収納

ベルトはフック収納に。
ウィムガゼットが穴場です！

オフ白の"滑らないハンガー"で統一。
ネット通販で揃えました

結婚して一緒に住むにあたり、主人が最初に言ったのが「まず麻紀にクローゼットを作ってあげるね」。
私のこだわりは入れたものが見やすいようタンスを浅くしたことと、
玄関まわりをスッキリさせるためシュークローゼットを作ること。
収納グッズはアマゾンで揃えました。高い所のものを取る時は、
クリーニング屋さんで使う矢筈を使っています。

My Basic Item —[マイベーシックアイテム]
7大アイテムは1年中着る私のカジュアルの基盤です

デニム

デニムシャツ

カーゴパンツ

年間を通して登場回数の多い、私の基本アイテムがこちら。こういった定番のアイテムこそ、毎年ステディブランドをチェックして
マメにアップデートするようにしています。デニム&デニムシャツは流行によってラインやデザインが変わりやすいもの。
時にはファストブランドのものを取り入れることも。端正なブルーのシャツは私にとって"第二の白シャツ"的存在。
知的な印象に見せたい時に欠かせません。カーゴパンツはパールなどと合わせてきれいめに穿くのが好き。30代になって
出番の増えた深Vニットはライトグレーが顔周りを明るく見せてくれます。柄はチェックシャツやボーダーニットでハンサムに取り入れます。

左から denim shirt／SHEINAR　cargo pants／Ralph Lauren　denim／DEPARTMENT 5
border knit／GALERIE VIE　light blue shirt／GALERIE VIE　gray knit／Johnstons　checked shirt／BARNYARDSTORM

ブルーシャツ

チェックシャツ

グレーVネックニット

ボーダートップス

My White Item ——［マイホワイトアイテム］

全身がぐっと華やかになる白の7大アイテムも欠かせません

UNITED ARROWS

GAP

Jil Sander

adele couturier

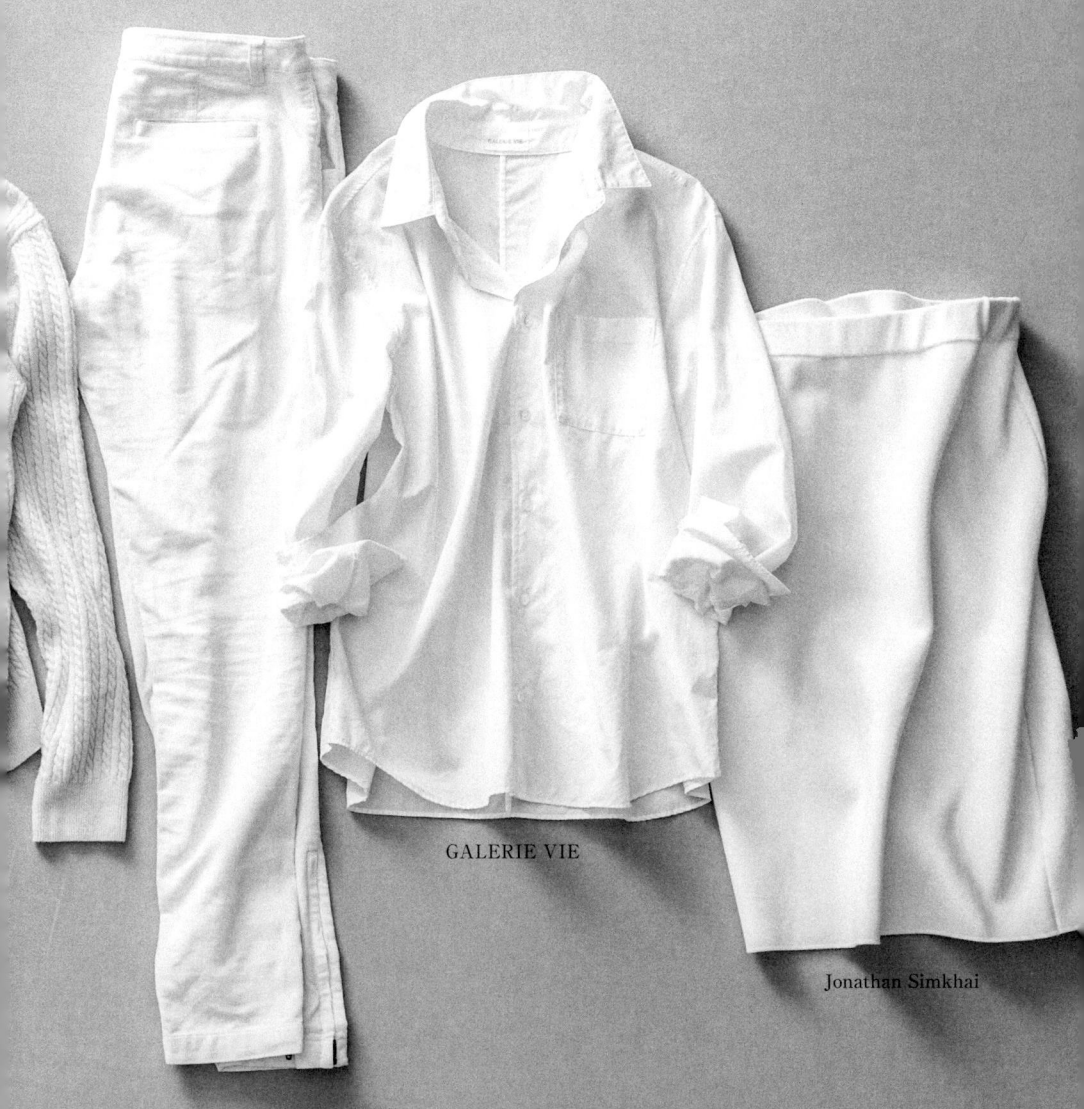

nano・universe

GALERIE VIE

Jonathan Simkhai

　私のワードローブに欠かせないのが華やかな"白アイテム"。小さい子供がいるのに白？　と思われるかもしれませんが
汚れが目立つ分、常にきれいにしていようと心がけるし清潔感もあって私にとっては究極の"母カラー"なんです。
ボトムスはきちんと感のあるものとカジュアルなものをそれぞれ揃えておくと、あらゆるシーンに対応できて便利。例えばパンツは
センタープレス入りとコーデュロイ素材のもの、スカートはゆるっとしたマキシ丈のものと女っぽいタイトを愛用。白シャツ、Tシャツは
長すぎず短すぎない、ベルトが隠れるくらいの丈のものが使えます。ケーブル編みニットは大人可愛さのあるカジュアルスタイルに最適。

左から T-shirt／GAP　pants／Jil Sander　skirt／adele couturier　knit／UNITED ARROWS
pants／nano・universe　shirt／GALERIE VIE　skirt／Jonathan Simkhai

Coordinate —［デニムの日］

デニムは清潔感を大切に、ブルーの色合いを生かします

お馴染みボーダー＆チェックもレイヤードで新鮮に

柄ものはあまり着ないのですが、ボーダーとチェックだけは別。それぞれ単品で着ても可愛いけれど、掛け合わせてみるとより着こなしに面白さが出る気がします。袖や裾からちょこっとシャツを出すのも、細かいけれど必須のテクニックです。

border knit／GALERIE VIE
checked shirt／BARNYARDSTORM
denim／DEPARTMENT 5
bag／Michael Kors
shoes／CONVERSE
bracelet／Cartier

色味を揃えれば簡単なデニムONデニム

コーディネートを考える時間のない朝に便利なデニムONデニムスタイル。濃いめのインディゴでトーンを合わせればすっきりした印象に。ゼブラ柄クラッチやニット帽でこなれ感を。

denim shirt／SHEINAR
denim／DEPARTMENT 5
bag／STELLAR HOLLYWOOD
shoes／GIUSEPPE ZANOTTI DESIGN
knit cap／Maiami basic
glasses／BARTON PERREIRA
bangle／Harpo

デニムの日

ブルーシャツを合わせた親近感コーデの代表格

男性のYシャツ姿が好きなのですが、それを女性に落とし込むイメージで、端正なブルーのシャツをデニムと合わせてさらっと。ラフに腕まくりしてハンサムに着こなします。パールのネックレス、白のローファーで抜け感を演出します。

shirt／GALERIE VIE
border knit／GALERIE VIE
denim／DEPARTMENT 5
tote bag／Loewe
shoes／Luca Grossi
pearl necklace／MIKIMOTO

Coordinate —— ［カーゴパンツの日］

華やかさのある小物を合わせ、女っぷりよく穿く

足元はシルバーで
一点女っぽさを

カーゴパンツ、デニムシャツ、
かごバッグという私の
大好きなアイテムばかり使った
鉄板コーディネート。
子供と一緒の時は迷いなく
ぺたんこ靴を合わせますが、
ひとりの時やちょっと気合を
入れたい時にはメタリックパンプス
で攻めの要素を加えます。

knit／UNITED ARROWS
cargo pants／Ralph Lauren
denim shirts／SHEINAR
bag／GALERIE VIE　stole／edit & co.
shoes／Sergio Rossi　bracelet／Cartier
necklace／Satake Glass

素材感のある
小物でリッチに

シーズンの変わり目には、まず
小物で季節感を取り入れます。
いつものボーダーにふわふわの
ニット帽と大判のファーで
ぬくもり感とリッチさをプラス。
迫力が出すぎないよう
リュックやコンバースなど
スポーティなアイテムで
バランスをとります。

border knit／GALERIE VIE
cargo pants／Ralph Lauren
backpack／mont-bell
shoes／POSTURE FOUNDATION
fur stole／FOXEY　knit cap／Maiami basic
bangle／Tiffany　pierce／MIKIMOTO

白シャツに
ベージュ小物で
女性らしさを盛る

ボーイッシュなイメージの
カーゴパンツはきれいめに穿ける
スキニータイプを指名。
全身カジュアルにしすぎず、
必ずどこかに女らしいアイテムを
加えるのが私流です。
ベージュ系小物はカジュアル服を
上品に仕上げたい時、
便利です。

shirt／GALERIE VIE
cargo pants／Ralph Lauren
bag／STELLAR HOLLYWOOD
shoes／PELLICO
fur stole／BARBAJADA
necklace／MHT

カーゴパンツ
の日

Coordinate —［白パンツの日］

ロングネックレスや巻き物で縦ラインを作ればすっきり見えます

白の柔らかさを
鮮やかピンク小物が
引き締めます

白のワントーンコーディネートに
女らしさを足したい時、ピンク小物を
取り入れることも。淡いピンクではなくこのくらい
ビビッドな色味のほうが引き締まります。
何色を合わせていいか迷うこんな時の巻き物は
edit&co.のグレージュストールで！

knit／UNITED ARROWS
pants／nano・universe
bag／FENDI
shoes／PELLICO
stole／edit & co.
pearl pierce／no brand

ライトグレーとも
好相性。
クリーンな印象に

センタープレスの
ホワイトパンツにライトグレーの
カシミア Vネックニットを
合わせ、シンプルに。
チェーンバッグやパンプスでメタリック感を
取り入れて、リッチに華やかに仕上げます。

gray knit／Johnstons
pants／Jil Sander
bag／Dior　shoes／Sergio Rossi
pearl necklace／Kenneth Jay Lane
bangle／STELLAR HOLLYWOOD
sunglasses／LINDA FARROW LUXE

チェックシャツを
腰にひと巻きして
アクセントに

白Tシャツ×白パンツ×
白スニーカーのスタイルは
シンプルになりすぎないよう、
多連のパールネックレスや
バングルなどボリュームのある
小物を盛ってメリハリ感を
プラス。更にチェックシャツを
巻いてウエストマーク&ヒップを
カバーします。

T-shirt／GAP
checked shirt／BARNYARDSTORM
pants／nano・universe
bag／Hervé Chapelier
shoes／CONVERSE
bangle／STELLAR HOLLYWOOD
long pearl necklace／synchro crossings

白パンツの日

Coordinate —［白スカートの日］

甘いアイテムこそ、寒色系でまとめて爽やかに着ます

ブラウン小物を
全身ホワイトの
引き締め役に

子供とのお出かけや病院など、日々の用事にはリラックス感のある装いで。ボディラインにつかず離れずのゆるっとしたシルエットが逆に女らしさを引き立てます。ビッグサイズのトートバッグやハイカットのコンバースで元気さをプラス！

gray knit／Johnstons
skirt／adele couturier
bag／THE CONRAN SHOP
shoes／CONVERSE
necklace／MIRIAM HASKELL
bangle／TED ROSSI

チェック柄で
タイトスカートを
ヘルシーに

打合せや気持ちを引き締めたい気分の時は緊張感のあるタイトスカートを手に取ります。チェックシャツなど着慣れたカジュアルアイテムと合わせて、女っぽくなりすぎないように調整を。足元はソックス×パンプスで少しだけモードに。

checked shirt／BARNYARDSTORM
gray knit／Johnstons
skirt／Jonathan Simkhai
bag／Michael Kors
shoes／PELLICO
pierce／MIZUKI
glasses／BARTON PERREIRA
watch／VAID
socks／no brand

白の分量を
多めに
小物で差し引き

子供が生まれて今まで以上に
大活躍するようになったのが
マキシ丈のスカート。
広がりすぎない落ち感のある
素材が大人向きです。
白ベースのボーダーと合わせると
全身の明度が上がって
さわやかに見えます。もこもこの
UGG®のスリッポンと合わせて。

border knit／GALERIE VIE
skirt／adele couturier
bag／L'Appartement
shoes／UGG
hat／STELLAR HOLLYWOOD
pierce／no brand

白スカート
の日

田丸さん流ママカジュアルの作り方
季節が変わると着たくなる
田丸さんの鉄板アイテム春夏秋冬

Spring style
春
× フレアスカート

Summer style
夏
× カラーワンピース

ブログでアップしているコーディネート写真を改めて見てみると
各シーズン、私がよく身につけるアイテムや着こなしの特徴が
見えてきました。四季のリアルな私服スタイルをご紹介します。

Autumn style

秋

×
ダウンベスト＆カーディガン

Winter style

冬

×
ダッフルコート

Spring style
春×フレアスカート

春になると着たくなるのが、
軽やかなフレアスカート！
ダークな色の服が多くなる
秋冬の反動もあって、
気分の上がる明るめカラーを
身につけたくなります。
短すぎないひざ下丈のものを
選ぶことが多いです。

上から
GALERIE VIE
Whim Gazette
nano・universe

034

Coordinate —— [フレアスカート]
コンパクトなトップスと合わせフィット&フレアのシルエットに

少し光沢感のある鮮やか
ブルーのスカート。
シンプルな七分丈の
白カットソーを合わせて、
スカートを主役にした
コーディネートに。
耳元にはさわやかな
ターコイズのピアスをつけて、
ブルーでリンク。

cut&sewn／no brand
skirt／nano・universe
pierce／DANNIJO
shoes／CONVERSE
bag／L.L.Bean

Shirts／SHIENER
Denim／Denim & Sapply Ralph Lauren
Bag／LOEWE, Conran shop
Shoes／DANIELE LEPORI

Cutsew／nano・universe
Skirt／DOUBLE STANDARD CLOSING
Bag／Sarah's Bag
Shoes／Sergio Rossi

Cardigan／DES PRÉS
T-Shirt／nano・universe
Denim／MUSE de Deuxième Classe
Bag／STELLAR HOLLYWOOD
Belt／Whim Gazette　Shoes／PELLICO

Spring style

春

暖かくなり、気持ちもワクワクしてくる春は
軽やかなフレアスカートや白ボトムスの
出番が多くなります。ひらっと揺れるものを
身につけるとちょっとハッピーな気分に♪

Knit／JET
Denim／JET
Bag／Ralph Lauren
Shoes／PELLICO
Stole／edit&co.

Jacket／Whim Gazette
T-Shirt／nano・universe
Denim／MUSE de Deuxième classe
Bag／NANCY GONZALEZ
Shoes／PELLICO

Jacket／Whim Gazette
Pants／UNIQLO
Shoes／PELLICO
Bag／CLAIRE VIVIER
Stole／John Smedley

Cardigan／YOKO CHAN
T-Shirt／nano・universe
Skirt／DOUBLE STANDARD CLOTHING
Shoes／Sergio Rossi

Tops／DEREK LAM
Pants／Whim Gazette
Bag／SAINT LAURENT
Stole／John Smedley
Shoes／Christian Louboutin

Shirt／Deuxième Classe
Pants／Carolina Herrera
Bag／Carolina Herrera
Shoes／Carolina Herrera

T-shirts／RODARTE
Skirt／nano・universe
Bag／SAINT LAURENT
Shoes／CONVERSE

T-Shirt／RODARTE
Skirt／nano・universe
Bag／GALERIE VIE
Shoes／K.JACQUES

Shirts／nano・universe
Denim／no bland
Belt／no bland
Bag／Wendy Nichol
Shoes／Luca Grossi

Knit／HYKE
Skirt／nano・universe
Bag／G. MOONBOW
Shoes／PELLICO

Border Cutsew／Deuxième Classe
Overall／DOUBLE STANDARD CLOTHING
Bag／STELLAR HOLLYWOOD
Shoes／PELLICO Glasses／CÉLINE

Border Cutsew／Deuxième Classe
Pants／Carolina Herrera
Bag／Wendy Nichol
Shoes／Carolina Herrera

Shirt／GALERIE VIE
Denim／JET
Bag／STELLAR HOLLYWOOD
Shoes／PELLICO

Summer style
夏×カラーワンピース

暑い夏の日差しに似合う、カラーのアイテム。なかでも涼しくて一枚でコーディネートが成立するワンピースはこの時季のマスト。普段は身につけないような色も開放的なムードの夏なら取り入れやすいです。

左から nano・universe、GALERIE VIE、FOXEY、GALERIE VIE

Coordinate
――― [カラーワンピース]

白シャツとベージュ小物で
都会的に着るのが好き！

汗ばむような暑い日には、
カットソー素材のノースリーブ
ワンピースが一番！一枚だと
ちょっと肌を出しすぎで
リゾート風すぎるかな？と思う時は
こんな風に薄手のシャツを
羽織って前結びします。ウエストマーク
することでスタイルアップ効果も。

shirt／GALERIE VIE
one-piece／GALERIE VIE
pierce／no bland
bangle／no bland
shoes／K.JACQUES
bag／STELLAR HOLLYWOOD

Tops／UNITED ARROWS
Skirt／VINCE
Bag／T-mat Masaki-Paris
Shoes／CONVERSE

One-piece／UNIQLO
Bag／Ralph Lauren
Shoes／Sergio Rossi

T-shirt／JAMES PERSE
Skirt／Sov. DOUBLE STANDARD CLOTHING
Shoes／CONVERSE
Bag／Hervé Chaplier

T-Shirt／Deuxième Classe
Pants／J. Crew
Bag／CÉLINE
Shoes／CONVERSE

Summer style
夏

夏は涼しくて一枚でサマになるワンピースや
着心地のいいカットソーが欠かせません。
かごバッグ、ハット、サングラスの三大小物
で味つけするのが定番スタイルです。

One-piece／KOI
Bag／TOMORROWLAND
Shoes／K.JACQUES

Tops／MOUSSY
Skirt／Whim Gazette
Bag／GALERIE VIE
Shoes／K.JACQUES

One-piece／YOKO CHAN
HAT／HUMANOID
Bag／GALERIE VIE
Shoes／Repetto

One-piece／GALRIE VIE
Border knit／T-mat Masaki-Paris
HAT／FOXEY
Shoes／K.JACQUES

Blouse／ZARA
Denim／ZARA
Shoes／GRACE CONTINENTAL
Bag／TOMORROWLAND

Denim Shirt／BAYFLOW
Skirt／Ralph Lauren
Bag／GALERIE VIE
Shoes／K.JACQUES

One-piece／Whim Gazette
Bag／TOMORROWLAND
Shoes／INUOVO

Cutsew／JAMES PERSE
Pants／no bland
HAT／HUMANOID　Bag／Wendy Nichol
Stole／edit & co.
Shoes／ATELIER MERCADAL

One-piece／EBELE MOTION
HAT／FOXEY
Shoes／Sergio Rossi
Bag／kate spade

All-in-one／YOKO CHAN
Bag／Cartier
Shoes／Sergio Rossi

Overall／American Apparel®
Cutsew／JAMES PERSE
Bag／nano・universe
Shoes／CONVERSE

Cutsew／no bland
Pants／Deuxième Classe
Bag／GALERIE VIE
Shoes／Sergio Rossi

041

Autumn style
秋×ダウンベスト&カーディガン

暑かったり肌寒かったり、気温が定まらない秋口には軽い羽織りが必須！　カジュアルな日はダウンベスト、
ちょっと女らしくしたい日はロング丈のカーディガンを。この二つがあれば冬まで乗り切れます。
左／ともにDUVETICA　右上／Ralph Lauren　右下／Deuxième Classe

Coordinate —— [ダウンベスト&カーディガン]

2種の軽い羽織りでカジュアルもきれいめも自由自在

秋から冬にかけてとにかく使えるのがダウンベスト。なかでもデュベティカのものは色違いで購入するほどお気に入り。裾がゴム素材のチェック柄パンツを合わせてトラッド&スポーティに着こなします。シルバーの靴で一点だけ女っぽさを。

down vest／DUVETICA
knit／JAMES PERSE
checked pants／Whim Gazette
bag／Hervé Chapelier　shoes／Sergio Rossi
glasses／BARTON PERREIRA　pierce／no bland
wing bangle／Harpo
silver bangle／Deuxième Classe
concho bracelet／TOMORROWLAND

Tシャツやカットソー×スキニーパンツのコーディネートに活躍するのがさらっと羽織れるロング丈のカーディガン。ボタンがなく、ストールのようにさらっと着流す感じが好みなんです。レザーパンツやシルバーブレスを合わせてクールに。

cardigan／Ralph Lauren
T-shirt／T-mat Masaki-Paris
pants／Spick & Span　bag／CoSTUME NATIONAL
shoes／GIUSEPPE ZANOTTI DESIGN
sunglasses／Thierry Lasry
pierce／no brand　necklace／Philippe Audibert
bijou bangle／Philippe Audibert

Down vest／DUVETICA
Knit／GALERIE VIE
Pants／Whim Gazette
Stole／Johnstons　Shoes／UGG®
Knit cap／Johnstons

Knit／Mystrada
Pants／ADORE
Bag／Dior　Shoes／PELLICO

Vest／Edit for LULU
Cutsew／UNIQLO
Pants／Whim Gazette
Shoes／CONVERSE
Bag／Ralph Lauren

Autumn style
秋

暑かったり寒かったり気温が定まらない
この季節は羽織りものを駆使します。
まだ分厚いニットを着たくない秋の初めには
ニット帽やUGG®で先端だけ暖かくすることも。

Knit coat／LAUREN MANOOGIAN
Border knit／GALRIE VIE
Pants／synchro crossing
Bag／CÉLINE　Shoes／TOCO PACIFIC

Down vest／ESTNATION
Knit／no bland
Checked shirts／J-crew
Denim／TWENTY8TWELVE　Shoes／UGG®
Bag／HERMES,DOUBLE STANDARD CLOTHING

T-Shirt／L'Appartement DEUXIÈME CLASSE
Pants／UNIQLO
Knit cap／Whim Gazette
Bag／THE CONRAN SHOP
Shoes／UGG®

Cowichan knit vest／nano・universe T.
T-Shirt／no bland
Denim／JET Shoes／CONVERSE
Bag／nano・universe

Overall／DOUBLE STANDARD CLOTHING
Knit／no bland
Stole／LUCIO VANOTTI
Bag／Owen Barry　Shoes／UGG®

Cowichan knit vest／nano・universe
Knit／Shinzone
Pants／UNIQLO
Bag／DOUBLE STANDARD CLOSING
Shoes／UGG®

Down vest／DUVETICA
Tops／Adam Selman
Skirt／no bland
Bag／nano・universe
Shoes／PELLICO

Cardigan／DES PRES
Brouse／Theory
Pants／synchro crossing
Shoes／FULRA

Knit Coat／Danny&Anne
Tops／John Smedley　Pants／UNIQLO
Bag／SAINT LAUREN　Shoes／NIKE
Knit cap／Whim Gazette

Knit／nano・universe
Denim／MUSE de Deuxième classe
Shoes／Golden Goose Deluxe Brand
Bag／GALERIE VIE　Hat／Lola

Cardigan／synchro crossing
Cutsew／H&M
Pants／Deuxième classe
Bag／Whim Gazette
Shoes／Christian Lacroix

Outer／nano・universe
Pants／nano・universe
Shoes／Golden Goose Deluxe Brand
Bag／nano・universe

Cardigan／GALRIE VIE
Denim shirts／ESTNATION by SLY
Pants／TOPSHOP
Shoes／NIKE　Bag／Hervé Chaplier

045

Winter style
冬×ダッフルコート

冬のアウターの中でも昔から変わらず、ずっと好きで愛用し続けているのがダッフルコート。特によく使うのは
キャメル、オフホワイト、グレーのもの。学生風にならず、大人っぽく着られます。
左から Whim Gazette、OLD ENGLAND、OLD ENGLAND

Coordinate —［ダッフルコート］

リッチ感のある配色で
ダッフルをあくまで大人っぽく

大好きな冬のオールホワイト
コーディネート。
少しずつトーンの異なる白を
重ねて奥行きを出していくと
うまくいきます。コートの
フードやタートルネックなど
首回りにボリュームがあるので
耳元にはそれに負けない
大粒のパールピアスを。

coat／OLD ENGLAND
knit／nano・universe
pants／DOUBLE STANDARD CLOTHING
bag／ZANELLATO
shoes／Manolo Blahnik
glasses／BARTON PERREIRA
pierce／no brand

Coat／ADORE
Knit／YURI PARK
Pants／ADORE
Bag／CÉLINE
Shoes／PELLICO

Coat／OLD ENGLAND
Border knit／GALERIE VIE
Denim／DEPARTMENT 5
Bag／CÉLINE
Shoes／Church's

Blouson／UNITED ARROWS
Checked Shirt／nano・universe
Knit／GALRIE VIE　Pants／UNIQLO
Bag／Hervé Chapelier
Shoes／UGG®

Coat／MARNI
T-shirt／nano・universe
Denim／TWENTY8TWELVE
Shoes／CONVERSE
Bag／SAINT LAUREN

Winter style

冬

一年で最も寒いこの時期はお気に入りの
アウターで印象の変化を楽しみます。
白からベージュのワントーンでまとめた
コーディネートも冬の鉄板です。

Coat／OLD ENGLAND
Knit／no bland
Pants／DURAS　Stole／edit & co.
Bag／Wendy Nichol
Shoes／NIKE

Coat／OLD ENGLAND
Knit／YURI PARK
Pants／nano・universe T.
Bag／STELLAR HOLLYWOOD
Shoes／PELLICO

Fur vest／DOUBLE STANDARD CLOTHING
Knit／ENFÖLD
Pants／FNS　Shoes／CONVERSE
Knit cap／Whim Gazette

Coat／Catherine Malandrino
Knit／TOMORROWLAND
Pants／Deuxième classe
Bag／Theory
Shoes／Lucien pellat-finet

Coat／OLD ENGLAND
Knit／nano・universe
Pants／Ralph Lauren
Shoes／CoSTUME NATIONAL
Bag／CÉLINE

Coat／MaxMara
Skirt／no bland
Shoes／CoSTUME NATIONAL

Coat／Moncler　Vest／Edit for LULU
Knit／UNIQLO
Denim／TWENTY8TWELVE
Shoes／UGG®　Cap／Deuxième Classe

leather Jacket／ESTNATION
Knit／GALERIE VIE
Skirt／Whim Gazette
Bag／ZANELLATO　Shoes／CONVERSE
Knit cap／Deuxième Classe

Blouson／UNIQLO
Parka／DRESSTERIOR
T-shirt／AMERICANA　Skirt／LANVIN
Shoes／CORSO ROMA 9
Bag／Deuxième classe

Coat／MONCLER
Pants／UNIQLO　Bag／CÉLINE
Stole　／edit & co.
Shoes／CoSTUME NATIONAL

Down vest／Munich
Cowichan Knit／edit&co.Cowichan
Pants／Whim Gazette
Bag／THE CONRAN SHOP
Shoes／UGG®

Coat／no bland
Fur／Drawer
Denim／TWENTY8TWELVE
Bag／ZANELLATO
Shoes／SARTORE

Column back to VERY

VERYでも田丸さん流カラーコーディネートが人気でした。

2015年2月号
読者の好きな
コーディネイト
1位
でした。

2014年1月号
読者の好きな
コーディネイト
1位
でした。

不動の人気！上品なオールホワイト orブラックスタイル

田丸さんの定番スタイルのひとつであるオール白／黒コーデ。オールホワイトは純白ではなくクリーム色や生成り色を使うのがコツ。全身黒コーデはレザーや赤リップでほんのりモードに仕上げて"脱・無難"に。

田丸さんの私服をイメージした企画はVERY誌面でもいつも大人気！
なかでも"色"をテーマにした着こなしは
読者が好きなコーディネートランキング上位の常連です。

2013年6月号
読者の好きな
コーディネート
1・2位
でした。

きれい色は甘く着ず、大人っぽくラフに取り入れます

読者がマネしたい色使いの2TOP、ピンク&イエロー。スウィートになりすぎない、鮮やかな発色のものを選び、
デニムやボーダー、ショートパンツなどカジュアルなアイテムと合わせてヘルシーに着こなすのが田丸さん流。

Chapter-3
ぺたんこ靴と カジュアル小物

実用的な小物が オシャレの主役になりました

抱っこひもで歩き回ったり、大きなバッグを肩がけしながらベビーカーへの
乗せ降ろしをしたり……。子供と一緒の日々は本当に体力勝負！
たくさん歩けるフラットシューズや、ラフに使える
プチプラアクセなどカジュアルな小物類が欠かせません。
実用的でありながら、気持ちも上げてくれる才色兼備な"名脇役"を
揃えておけば、シンプルな服もぐっとオシャレに見えます。

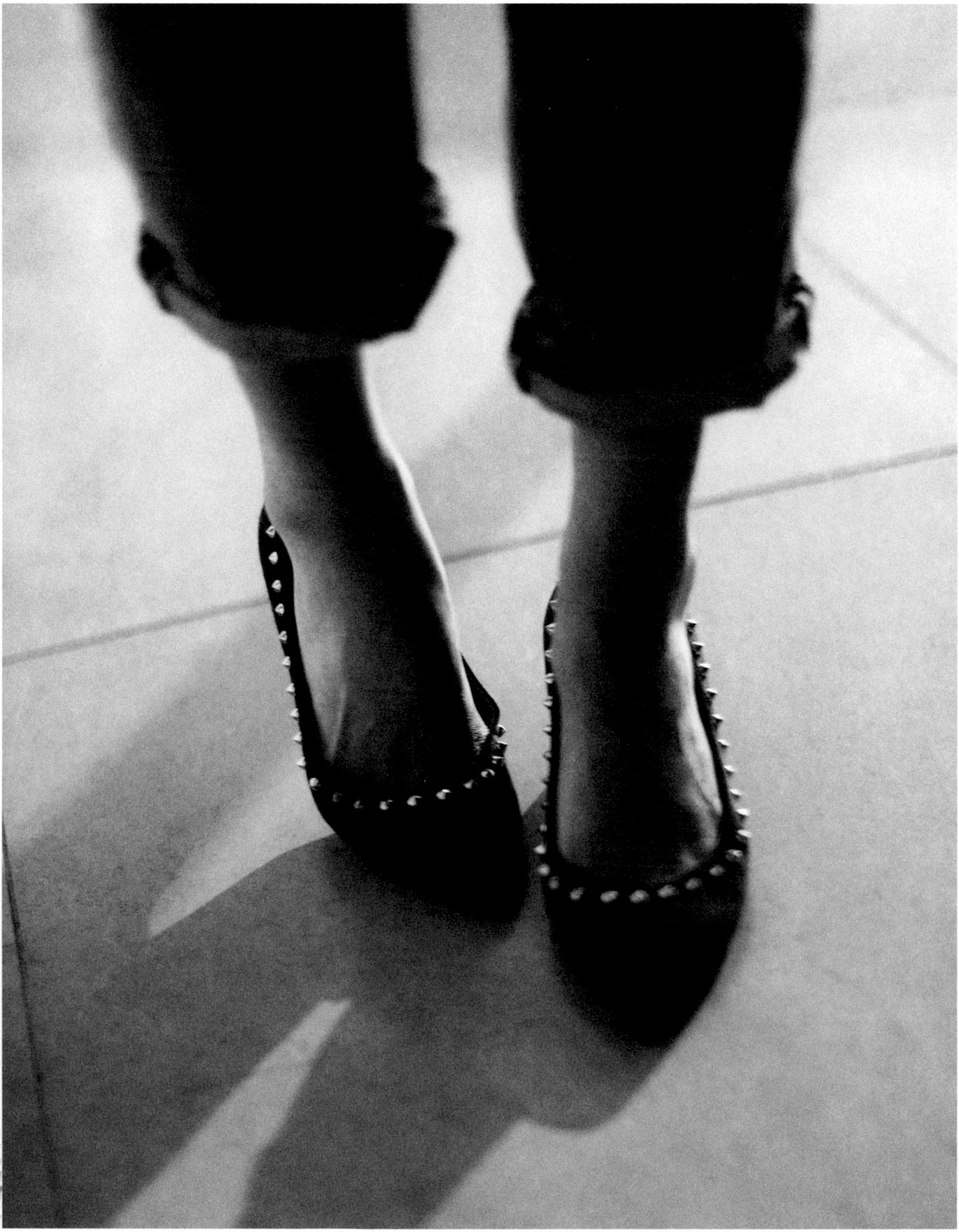

10cmヒールの代わりになるきれいめぺたんこに夢中です

昔からヒール好きだった私にとって、子供ができて足元がフラット中心になるということは今までにない大きな変化でした。子育て中も安心で、かつヒールのように女らしく自信を持って履ける靴を探して行き着いたのが"きれいめぺたんこ"。気分の上がる色使いやディテールなど"華のある一足"が今の新定番です。

1. Repetto , 2. Repetto , 3. GIUSEPPE ZANOTTI DESIGN , 4. GIUSEPPE ZANOTTI DESIGN , 5. GIUSEPPE ZANOTTI DESIGN , 6. Salvatore Ferragamo , 7. Church's , 8. Pretty Ballerinas , 9. PELLICO , 10. Sergio Rossi , 11. TOD'S , 12. GIUSEPPE ZANOTTI DESIGN , 13. Luca Grossi , 14. GIUSEPPE ZANOTTI DESIGN

学生っぽくならず大人に履けるハイカットスニーカーが大好き

シンプルなキャンバス地のものからスタッズのついたちょっぴりパンチの効いたものまで様々なスニーカーを愛用していますが、季節を問わずよく使うのはハイカット。ローカットより少し大人っぽく履けて、スキニーパンツやロング丈のスカートなど私のメインボトムスとの相性も抜群だから、一年中手放せません。

1. CONVERSE , 2. lucien pellat-finet , 3. Golden Goose , 4. CONVERSE , 5. CONVERSE , 6. CONVERSE , 7. DIAZ-PORA , 8. CONVERSE , 9. PIERRE HARDY

ビーサン並に楽ちんで、ネイルなしでも女らしいトングって便利！

夏に欠かせないのが、華やかなトングサンダル。ビーチサンダルみたいなリラックス感がありながら、よりリッチな雰囲気で"街っぽく"履けるところが気に入っています。リゾート旅でビーチで遊んだ後、そのままホテルのレストランへ直行、というような時にも便利。ヒールサンダルほどかさばらないので、必ずスーツケースに忍ばせています。

1. K.JACQUES , 2. VICINI, 3. atelier MERCADAL , 4. René Caovilla , 5. Gap , 6. K.JACQUES , 7. K.JACQUES

ブーツは "スポン" と履けちゃうノーチャックを選びます

子連れ時のブーツは、ぺたんこもしくは安定感のある太めのローヒールが安心。抱っこひもの時でも玄関で四苦八苦せず、簡単にスポン！　と着脱できるノーチャックのものを選びます。横から見た時、脚の周囲がブカブカ余るような太いシルエットのものではなく、ひざ下をすっきり見せる筒回りのすっきりしたものを厳選します。

1. PELLICO , 2. Sergio Rossi , 3. CoSTUME NATIONAL

抱っこでも脱ぎ履き楽ちん。UGG®は子供ができてさらに登場回数UP！

子育て中の今、改めてその便利さを実感しているUGG®。暖かくて軽くて楽に履けるから、やっぱり手放せません。毎年少しずつ増え、気がつけばこんなにたくさん集まっていました！ なかでもいちばん使うのはベージュのトールサイズ。肌馴染みがよく、ボリュームがあってもごつく見えにくいところが気に入っています。

すべて UGG

履き心地はまるでコンバース。靴下あわせもサマになるペリーコが急増中

ヒール靴ではあるのですが、私にとってはぺたんこと同じくらい履きやすく、ヘビロテしているのがペリーコのパンプス。これは日本人の足型に合わせて作られていて、一日中歩いても本当に疲れない！ 細すぎず太すぎないヒールは靴下やストッキングとも相性よし。6.5〜8cmを選びます。子連れでもヒールが履きたい日に重宝。

すべて PELLICO

いちばんヘビロテしているのは一年中使えるedit&co.です

"私のNo.1ストール"と言っても過言ではないのがこのedit&co.。実は以前一度なくしてしまい、全く同じものを買いなおしたくらいお気に入りなんです。かなり大判なのにふんわり軽くてかさばらずフリンジの存在感も絶妙。オーダーでイニシャルを入れてもらえます。気軽に買えるお値段ではないけれど長く大切に使いたい価値のあるアイテムだと思います。

stole／edit & co.

ちょっと物足りない時は帽子やメガネに頼ります

シンプル服にひと味足したい時、子供と一緒のお出かけでピアスやネックレスをつけられない時に頼れるのが帽子やメガネなどの顔周り小物。
ニットキャップはカシミアや起毛素材など上質感があるものを。真っ黒よりも女らしく見えるホワイトやグレーを選ぶことが多いです。
アイウェアはどんな服にも似合う主張の少ないもので、フレームは黒と茶色を揃えておくと便利です。

knit cap／左から Maiami basic、Johnstons、Deuxième Classe　glasses, sunglasses／すべて BARTON PERREIRA

実は駅ビルによくあるプリプラアクセサリーが大好き♥

ひとつ千円くらいで売っているような、駅ビルアクセサリーもよく使います！　一番多いのはシンプルなフープのピアス。チープ感が出にくくどんなスタイルにも大人っぽく寄り添ってくれます。佐竹ガラスのパールネックレスはお手頃なのに本物のパールと並べてみても遜色ない上質感。海外旅行などにも安心して持っていけます。

1〜6. no brand , 7. Satake Glass

デニムと好相性のターコイズは夏だけでなく1年を通して私の定番です

ターコイズ独特の、ブルーの色味が大好き。デニムなどカジュアルな服にはもちろん大人っぽいエレガント系の装いに合わせることも。意外に幅広いファッションに合わせられて流行にも左右されにくいから、投資しがいのあるアイテムだと思います。夏のイメージが強いけれど私は秋冬、ニットなどと合わせるのも好き。セレクトショップで見つけると、ついつい手に取ってしまいます。

1. 5 OCTOBRE , 2. KENNETH JAY LANE , 3. Harpo , 4. no brand , 5. LAND OF TOMORROW , 6. DANNIJO

Column back to VERY

VERYでも田丸さん流ぺたんこ
コーディネートが人気でした。

スニーカーやUGG®でカジュアルに！

ママライフに欠かせないスニーカーやUGG®。全身スポーティにしすぎず、大人っぽくシックにまとめたスタイルが基本です。タイトスカートと合わせたり綺麗色のアイテムを投入したり etc、女らしい要素をプラスすることもポイント。

斜めがけで差し色を！

レギパンが相性よし

田丸さんならではのきれいめなぺたんこ靴の履きこなし術はVERYでも
いつも注目の的。ベビーカーの時は……? ご近所の散歩なら……? 誌面では
田丸さんと相談しながらリアルなスタイリングを再現しました。

お出かけ顔の上品フラットできれいめに！

少しきれいめに装いたい日に活躍するのが、バレエシューズやローファーなどのきちんと系フラット。
女らしいふんわりスカートや、トレンチコートなどのトラッドアイテムと合わせても違和感なくキマリます。

スカートには
ローファーで

デニムも
品よく♡

Chapter-4

ハイヒールと
リッチな小物

**ママになっても女心を忘れないための
特別なアイテムがあります**

母になった今でもずっと大切にしているのが、女らしいハイヒールや
全身のクラス感を上げてくれるリッチな小物類。
身につけるとすっと背筋が伸びて、一人の女性としての
自分を思い出させてくれる大切な存在です。
こういう、ちょっとぜいたくなアイテムも30代になった
今だからこそ、気負わず身につけられるようになりました。

"黒が王道シューズ" という固定概念を覆したベージュパテントが私の原点

まだ20代だった頃、クリスチャンルブタンのベージュパテントを、コンサバな大人っぽいスタイルに憧れて買いました。
それまでは「困ったら靴は黒」という発想でしたが、足元を重くして締めるのではなく、ベージュにすることで
全身にこんなに軽やかさと華やかさが加わると知り、目からウロコの思いでした。
女らしくするなら黒よりもベージュが万能、という発見が、今の私のスタイルの礎になりました。

shoes／Christian Louboutin

フォーマルなブラックドレスに合わせる黒パンプスこそ
遊びのあるデザイン・素材なら地味にならない

両親や親戚との会食には黒やネイビーのシンプルなワンピースやセットアップを着ることが多いです。
そこに、プレーンな黒パンプスを合わせてしまうと真面目で無難な印象になりがち。
そこで、ヒールに特徴があったり素材に凝ったものなどどこかにひとクセある、デザイン性の高いものをチョイス。
黒なのでフォーマル感をキープしつつ、レースやビジューつきなどちょっとデコラティブな女っぽさが、シックな印象にしてくれます。

上段左から右に Dolce&Gabbana、LANVIN、ESCADA、Gianvito Rossi　中段左から ESCADA、FENDI、FURLA、
GIUSEPPE ZANOTTI DESIGN　下段左から BALMAIN、GIUSEPPE ZANOTTI DESIGN、Sergio Rossi、GIUSEPPE ZANOTTI DESIGN

主人のいる週末お出かけ。
デニムでもオシャレしたい日は
頑張ってカラーヒール！

主人と一緒の抱っこしなくていい子連れ外出。
素敵なインテリアショップに行く時など、
デニムに女っぽさと緊張感を足したいと思ったら、10cmヒールのカラーパンプス。
こっくりとしたくすみ系の色は、ぱっきりした鮮やか色より、
上級者な雰囲気になれるところが気に入っています。

上から
Christian Louboutin
GIUSEPPE ZANOTTI DESIGN
Gianvito Rossi

独身気分に戻って、オシャレにも気合が入る、一人での外出。
そんな時によく選ぶのが、ひとつでジュエリーのような
華やかさを放つゴールドやシルバーのキラキラ靴。
派手すぎると思われるかもしれませんが、実は肌馴染みがよく、
どんな色にも合わせやすいので、
私は馴染ませ役としてベージュ感覚で使っています。

上から
VALENTINO
CH Carolina Herrera
Sergio Rossi

ひとりで女友達に会う日、足元に困ったらキラキラヒール。実はどんな色にも合うんです

ハイヒールとリッチな小物
デイリーじゃない、だけど
大切なスペシャルなものたち

人生の節目に少しずつ増えていった特別なジュエリーや小物たち。
毎日登場するものではないけれど、ひとつひとつに思い出と
ストーリーがある、私の歴史が詰まった大切なアイテムです。

Special item 1

"グラフのジュエリー"

主人セレクトのジュエリーは
どれもお守り的存在です

主人からプロポーズされたのは、仕事で訪れていたパリ。滞在中のホテルで当時お付き合いをしていた主人と夜、電話で話していたところ突然ロビーに呼び出され驚いて行ってみると、日本にいるはずの彼の姿が(笑)。訳のわからぬまま散歩に連れ出され、ヴァンドーム広場で指輪を渡されました。石にこだわりのある主人が選んでくれたリングはスクエアカットのグラフのもの。それ以来、私たちにとってグラフは特別なブランドになりました。その後結婚指輪、お花のピアスもグラフで購入。基本的にジュエリーはいつもすべて主人が自ら見繕ってプレゼントしてくれます。ハリー・ウィンストンのテニスブレスもそのひとつ。自分では買わないような、でも素敵だなと思うものを選んでくれるのでそのセンスにはいつも感動しています。一生大事にしていきたい、大切な宝物です。

Ring、pierce／GRAFF、Tennis bracelet／Harry Winston

073

すべて HERMÈS

Special item 2

"エルメスの バーキン"

"バーキンが似合う女性になる" 10代の頃からの夢です(笑)

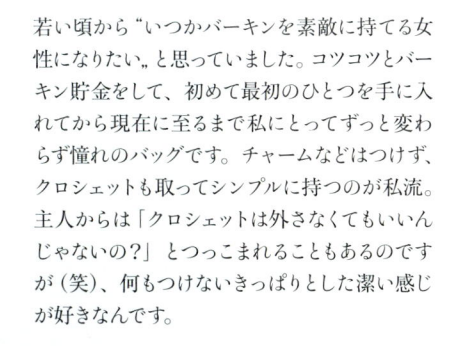

若い頃から"いつかバーキンを素敵に持てる女性になりたい"と思っていました。コツコツとバーキン貯金をして、初めて最初のひとつを手に入れてから現在に至るまで私にとってずっと変わらず憧れのバッグです。チャームなどはつけず、クロシェットも取ってシンプルに持つのが私流。主人からは「クロシェットは外さなくてもいいんじゃないの?」とつっこまれることもあるのですが(笑)、何もつけないきっぱりとした潔い感じが好きなんです。

すべて HERMÈS

Special item 3
"エルメスの
アイテム"

ずっとこの先愛せる名品は……？
思い浮かんだのはエルメス

大きな買物をする時、いつも"未来の自分も身につけられるだろうか？"と考えるのですが、エルメスの小物類はかなり遠くまで、それこそおばあちゃんになっても一緒にいられるイメージが明確に頭に浮かびました。品質は言うまでもありませんが、ブーツやストール、グローブなどどれも正統派でトラッドな雰囲気が漂うところが好き。気軽に買い足せるものではないですが、長い人生において少しずつ増やしていけたらいなと思っています。

Special item 4
"自分買いの ジュエリー"

自分で手に入れたからこそ まるで分身のような存在です

自身で買ったジュエリーは、自分なりの節目に、決意や思いを込めて購入したもの。一粒ダイヤのピアスとリングは独身の頃、もしかしたらこのまま結婚しない人生もあるのかもしれないな、とふと思った時に仕事を頑張りたいという決意表明のような気持ちで、信頼のおける宝石卸屋さんにオーダーしました。希望の石を伝えて世界中から探してもらう、そのプロセスも含めてワクワクしたことを覚えています。緻密なデザインに一目ぼれしたブチェラッティのリングは息子を抱っこしても気にならない、普段使い用の結婚指輪として銀座和光で購入したもの。自分で手に入れたものだからこそ、プレゼントとはまた違った特別な物語と愛着があります。

ring 〈WG×DIA〉、pierce／no brand、ring 〈YG×WG×DIA〉／FEDERICO BUCCELLATI

左から Cartier、JAEGER LECOULTRE、VAID、Tag Heuer

Special item 5

"腕時計"

歴代ウォッチには
好みの変遷が表れています

その時代の自分の好みがはっきり反映されている腕時計。女っぽいゴージャスさに憧れていた20代の頃はカルティエのダイヤつきベニュワールを愛用。今はちょっとお休みをしていますが将来おばあちゃんになった時、白シャツにさらりとつけたいなと思っています。30代になり、自分のスタイルとしてきれいめカジュアルが確立してきた時、もっとハンサムなものを求めるように。そしてレザーベルトのメンズライクな腕時計の魅力に開眼しました。ジャガー・ルクルトは出産の記念に、夫婦お揃いで購入したものです。見やすくて子育て中にも便利なビッグフェイスの時計はコーディネートのアクセントにも最適。

Special item 6　"白バッグ"

私にとっての万能バッグは黒ではなく白!

私の定番である、シンプルなコーディネートに華を添えてくれる欠かせない存在が"白いバッグ"。万能バッグといえば黒、というイメージがありますが、白なら合わせる色を選ばないのはもちろん、季節を問わず使えて、黒よりもこなれた印象になれるんです。

クロコダイルやムートン、パイソンなど変化球のある上質素材を選ぶのがマイルール。汚れそうな白にリッチ素材?　と思われるかもしれないのですが、コットンのような風合いのものより素材に特徴のあるもののほうが逆に汚れが目立ちにくいんです。

左から Dior、NANCY GONZALEZ、Owen Barry、LOEWE、BOTTEGA VENETA、SAINT LAURENT

可愛らしいものよりもどちらかというとシャープなものを選ぶことが多いのですが、MHTのアクセサリーはキュートなのにスウィートすぎない、甘さのバランスが絶妙で女心をつかまれました。Tシャツなどカジュアルな服に合わせることが多いです。

すべて MHT

Marie-Hélène De Taillac

Special item 7　"等身大ジュエリー"

ジュエリーはちょっと遊び心のあるこの3ブランドが今、増えています

女友達とランチする時や家での集まりなど、気張り感なく、でもちょっといいものをつけたい時に活躍するのが、肩ひじはらずにつけられる"等身大ジュエリー"。最近のステディブランドは大人可愛さが絶妙なマリーエレーヌドゥタイヤック、ちょっとモードな雰囲気のビジュードエム、シンプルな装いにリッチなアクセントをくれるヴェイドの3つです。シャツ×デニムのような普段着スタイルを少しお出かけ風にしたい時、シンプルな服にスパイスを効かせたい時の強い味方です。

こちらのジュエリーは、どれも
ラグジュアリーでありながら
女性デザイナーらしい茶目っ気
があって、パンチの効いた
ところが好き。ハチや蝶々の
モチーフも可愛らしくなりすぎず、
モードな雰囲気でつけられます。
毎シーズン必ずチェック
しています。

すべて
Bijou de M

Bijou de M

昔、お仕事で身につけたのを
きっかけに、その上品なボリューム
感に魅せられてファンに！
日焼けしたマダムに似合いそうな、
イタリアブランドらしいリッチな
雰囲気でコンサバなシャツ
スタイルなどに似合います。
ゴールドでもギラギラしない、品の
いい存在感が気に入っています。

すべて
VAID

VAID

Chapter-5

初めての子育て

男の子ママ頑張っています

34歳で結婚して、35歳のときに長男が誕生しました。
時間の自由はきかなくなったし、以前より仕事もセーブ。
"お母さんだから"という緊張感も常にあります。
でも、苦労も含めての子育ての経験、深まった主人や両親との関係、
息子という存在がくれる絶対的な安心感が、
私をより強くたくましくしてくれたと感じています。

息子は1歳。私は子育て1年生です

前は見つけるたびへコんでいた、加齢による肌のシワやたるみですが、息子と一緒に過ごした時間の証だと思うと、許せるように（笑）。
出産直後の写真の私はクマだらけですが、いつかその写真を息子に見せて「大変だったんだよ」って笑って話せたら、と夢見ています。

実は、覚悟して臨んだ"35歳での出産"でした

　結婚して1年経った頃、妊娠したことがわかりました。子供好きな主人は大喜び。でも、私は子供を授かった喜びと同時に、不安も感じていました。年齢的には高齢出産ですし、責任ある仕事に邁進する日々の中で、子供を持たない人生の可能性も考慮していたほど。
　"お母さんなんだから"という見方に縛られてしまうのかな？　出来上がった生活スタイルがどう変化する？　人生の半分以上を捧げてきたお仕事を続けられるだろうか──。

そんな風に自問自答する日々でした。
　産んでみてわかったのは、難しく考えすぎていたということ。母になることで、世界が狭まるかもしれないと不安でしたが、実際はむしろ逆。これまでの自分に"母"という視点が加わって、世界がより広がったように感じています。子育ての経験はもちろん、ぺたんこ靴のカジュアルやおうち服のオシャレを楽しむようになったこともそのひとつです。
　とはいえ、初めての子育ては想像以上に大変

でした。出産直後は、真夜中に寝ぼけ眼で授乳しながら「眠い……この状況はいったいいつまで続くの？」と茫然としたことも(笑)。「今がきっといちばん大変な時期。これを乗り越えれば少しは楽になる！」と自分に言い聞かせながら、少しずつ少しずつ、子育てのペースをつかんできたように思います。

現在、息子も1歳半を迎えて多少おりこうに……と言いたいところですが、イヤイヤ期に突入。「これしちゃダメだよ」「こっちに行っちゃダメ」と注意するたびに、激しく抵抗し、終いには床の上で泣いて大の字に……。

また食事中、息子はお腹がいっぱいになってくると、私の顔をちらっと見ては、スプーンをわざと落として遊びはじめます。たしなめながら拾って持たせるとまた落とす、拾う、落とすの繰り返し！ 果てしないやりとりに気が遠くなることも(笑)。

でもこんな手のかかる時期は、とても短くて、いつか懐かしく思い出すような一瞬なのかもしれません。そう気づいてからは、前より余裕をもって臨めているような気がします。もちろん、イラっとしちゃうこともしょっちゅうなんですけどね(笑)。

息子が新しいおもちゃで遊ぶ姿を眺めて数時間経っていることも。主人に「止まったら死んじゃうサメみたい」と言われるほど、暇さえあれば外に出かけていた以前の私からは考えられません。自宅に友人を呼ぶ機会も増え、新しい店やスポット以上に、居心地のいいおうち作りに興味が湧いてきました。

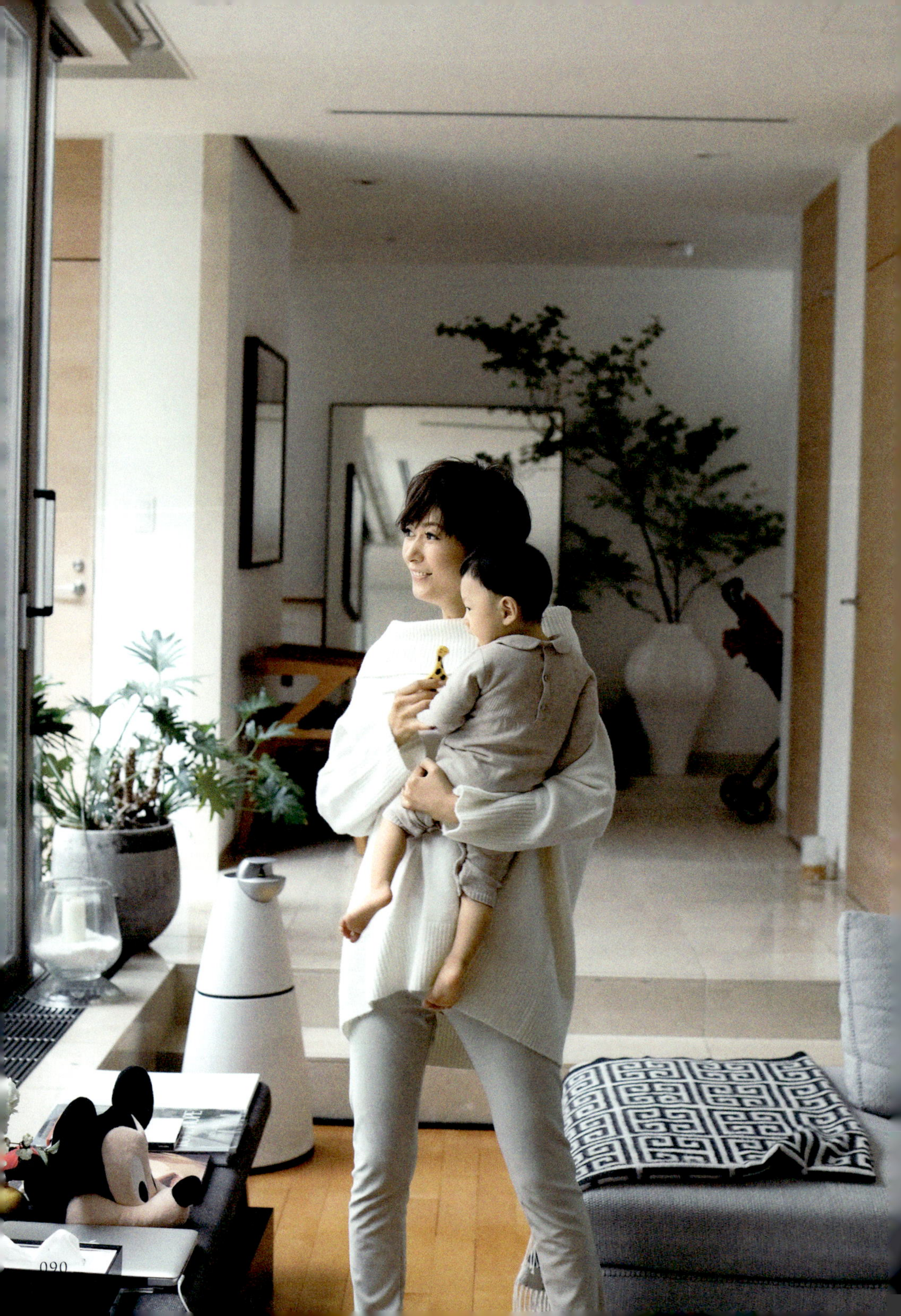

普段たまったお互いへの不満は
"天気のいい日にぶつけあう„のが夫婦のルール

　自分ではコントロールできない子育てを、大変ながらも楽しめているのは、主人の存在が大きいと思います。彼とは、10代の頃からの長い友人関係を経て結婚しました。気分の浮き沈みが少なく、いつもごきげん。私がイライラしたときに突っかかっても、反発するどころか、包み込んでしまうタイプです。たまに、「珍しく落ち込んでるのかな?」という時も、気がつくとリビングでテレビを見ながら大笑いして、上手に切り替えているみたい。彼の精神的なタフさに救われています。

　そんな主人なので、以前はほとんどケンカをしなかったのですが、子供ができてから、お互いの意見がぶつかり合うことは増えましたね(笑)。お出かけで息子に上着を着せる着せないとか、息子の服をシーズン先取りして買ってきてくれるのはいいけど、次の夏はこのサイズじゃ着られないよ、といった些細なものもありますし、もう少しシリアスなものまで。

　先日、朝、仕事に出かける前、必死で離乳食をあげている私の横を「可愛いね〜♪」なんて言いながら、息子の頭をなでて主人が通り過ぎました。その時、私が息子に気を取られて散らかしてしまったテーブルを見て「麻紀、出したものはすぐ片づけたほうがきれいになるよ。いつも言ってるでしょ」。何気ない一言だったのですが、私もつい熱くなり、「こっちも余裕がないんだから、可愛がるだけじゃなくて、注意するだけじゃなくて……何か手伝ってよ!」と、言っちゃいました。

　疲れている時や忙しくて余裕のない時って、どうしても相手を思いやる言葉を選べなくなってしまうし、必要以上に感情的になりがちです。そこで、私たちは、相手に話したいことがある時は、天気のいい日や旅行中など、互いに心地いいテンションにある時に切り出すように意識しています。晴れて気持ちいい朝とか旅先のゆっくりと過ごせる時間、そんな時にちゃんと向き合って話をするんです。

　この前は那須に旅行をしたタイミングで、主人と4、5時間じっくり話し合いました。「何か手伝ってほしい」といっても、主人は、その「何か」がわからないんだよね、とのこと。それなら、具体的にお願いしたほうがいいんだと気づきました。そこで、主人に息子の「歯磨き係」をお願いすることに。当時、歯磨きが大嫌いだった息子は、そのたびに大泣きしていて、すごく時間がかかっていたんです。はっきりした役割が与えられた主人は俄然ヤル気に。試行錯誤しながら、息子の歯磨きに取り組んでいました。すると今では、主人が「歯磨きだよー」と言うと、息子は自分からすすんで口を開けるようになったんです。

　歯磨き中、主人は大きな声でずっと歌を歌っているんですが、これは歌や音楽が大好きな息子のために、彼なりに編み出した方法みたいです。「もっとよく磨けるブラシはないかな」なんて、乳児用の電動歯ブラシをお土産に買ってきたり、熱心に磨いてあげたりしている主人の姿を見るたび、ほっこりとした気分になります。

息子と顔を合わせる時、
笑顔にするよう心がけています。
きげんがいいのって
連鎖すると思うし、
よく笑う人になってほしいから。
そして、息子がいつか
絵を描けるようになったら、
ママの顔を笑顔で
描いてもらう……というのが、
密かな夢です(笑)。

いつか、働く母の背中を、カッコいいと思ってもらうのが目標です

　私は出産後も仕事を続けています。子育て優先でさせてもらってはいますが、とはいえ、一日中子供と一緒にはいられません。罪悪感を覚える時もあります。そんな時心の支えにしているのは、働くママの先輩である義理の母の存在。彼女に子育ての相談をすると「私は息子たちになかなか手をかけてあげられなかった」と、冗談交じりに言うのです。でも、息子である主人は、幼い頃こそ多少さみしい思いもしたようですが、働いていた義母をとても尊敬していて。主人の仕事への姿勢や強く優しい人柄を見ると、母親が誇りをもって仕事をしている姿勢って、自然と子供へ伝わるのだなと思います。一緒にいられる限られた時間の中できちんと信頼関係を築くことも大事ですよね。大好きな仕事に全力で取り組む母の背中を見てもらい、将来「うちの母さん、なかなかカッコいいじゃん」と、息子に言ってもらうのが目標です。

Maternity Photo Diary

出産前後のプライベートショットを公開!

比較的体調もよく、お仕事も休むことなく続けていたマタニティ期。
退院後1～2カ月は赤ちゃんのお世話にとにかく無我夢中でした!

①匂いに敏感になり強い香りを受けつけなくなってしまった妊娠中は気分転換にスーッとしたミント系の香りを愛用していました。サプリメントはナチュラルハウスの葉酸を摂取。②初めてのベビーカーが到着! 使い方をあれこれ研究中。③臨月に入りお腹も一気に大きくなりました。リップで書いた手書きメッセージは主人作。④出産前にお肉が食べたくなり髪をきゅっとあげて近所の焼肉屋さんへ。帰宅して数時間後に破水しました。⑤出産の翌朝。少しほっとして授乳の合い間にマッサージ。⑥⑦⑧今までお腹の中にいた息子との対面は本当になんとも言えない不思議な感動がありました。ふわふわの小さな手で指をぎゅっとつかんでくれた瞬間は今でも忘れられません。⑨お人形の服のような小さな洗濯物があまりに可愛くてパシャリ。⑩退院して2週間くらいの頃。この時期は頻回の授乳やおむつ替えなど毎日必死で、細かい記憶がないほど。⑪お宮参りに明治神宮へ。慣れない赤ちゃん連れの外出に緊張しましたが、息子は義母に抱っこしてもらい安心したのか爆睡(笑)! ⑫家族&祖父母で下田の海へ。息子は初めて見る海に興味津々な様子でした。

幼い頃母がしてくれたように、寝る前に子育て日記をつけています

　10代半ばから、モデルとして活動を始めました。仕事は東京、実家は大阪。17歳で上京する前から往復していたので、家族と一つ屋根の下でじっくり過ごす時間は少なかったかもしれません。でも息子が生まれてから、里帰りや両親が上京する回数も増え、一緒に過ごす時間が多くなり、10代で一緒にいられなかった分を、今、取り戻している気がします。

　子育てで悩んだ時にいちばん頼れるのは、やっぱり母。息子が1歳を過ぎた頃、歩き出すのが遅いんじゃないか……と、心配していた私に、母が「これを見て」と手渡してくれたのは、育児日記。そこには、私と弟それぞれの、生まれてから小学校にあがるくらいまでの、毎日の様子や母の気持ちが素直に綴られていました。それまで、母が日記をつけていたことすら知りませんでした！　丁寧に手書きで綴られた日記からは、母の愛情が伝わってきました。日

記によると、当時から活発だった私は、9カ月を迎える頃には走り出していた(！)ようですが、弟は1歳3カ月でようやく歩き出したとのこと。「なんだ、姉弟でもこんなに違うんだもの。大丈夫ね！」と気持ちが楽になったのを覚えています。今でも"参考書"として、子育てで迷う時に、そっと開いて読み返しています。

そして母の影響を受けて、今、私も息子の成長日記をつけています。毎晩、寝る前に、ほんの2、3行を走り書きするくらいですが、すっかり習慣になりました。子育てでイライラしてしまった時は、ちょっと昔の日記を読めば「こんなに成長したんだ！」と感動して、気持ちをリセットできるのもいいところです(笑)。これから、日記にどんなことが綴られていくのか想像すると、とても楽しみ。いつか息子やそのお嫁さんに、母のように手渡してあげられる日が来たらいいな、と思っています。

大ざっぱな性格のせいもあるかもしれませんが(笑)、どちらかというと私は放任主義かもしれません。自分で歩きたい盛りの息子が転んでしまった時も、そこが公園だったりしたら、泣き出したとしても本人が自分で立ち上がるまで見守ることが多いです。

初めての子育て
おうち着のオシャレがもっと楽しく

息子が生まれ、おうちで過ごす時間がぐっと増えたことで
今まで以上に部屋着が大切な存在に。毎日身につけるものだからこそ、
着ていて気持ちのいい上質なものを選ぶようにしています。

たとえ誰の目にも留まらないおうち着だとしても本当に気に入ったものを着たい。清潔感があって、肌触りがよくて、形も納得のいくものを
数枚厳選して、それを毎日お洗濯して大事に着る。しっくりこないものを使い捨てにするより、そのほうが家事も頑張れて気持ちよく過ごせる気がします。

異素材コンビが珍しいもこもこパーカは秋冬の必須アイテム。
ベースが真っ白で男性が着ても甘すぎず、夫婦で愛用しています。

ともに T-mat Masaki-Paris

お風呂上がりの肌の上にさっと羽織るのに便利なガウン。
このブランドは価格も良心的なので子育て中にぴったりです。

ANNEBRA

一見普通だけど着るとカッティングがきれいで一枚でサマになります。
上質なジャージー素材で何十回も洗っていますがへたりません！

ともに T-mat Masaki-Paris

ノーアイロンでざっくり着られるストライプのシャツは気に入って
ロングタイプも愛用。洗いざらしのシワ感もまた可愛いんです。

T-mat Masaki-Paris

男の子服のお気に入りができました

息子の服はほぼ私が選んでいることもあり、気づけば私と似た
テイストに(笑)。紺やグレーなどのベーシックな色が中心です。

Special

スーツはここのものと決めています
子供服なのに、どこかイタリアっぽいこなれ感が。
リゾートや温泉など家族のお出かけの時に着せる一張羅です。

ともにnanan

愛用ブランドで親子リンクを
自分が大好きなアイテムを息子とリンクしたいなと思ってキッズを
購入。品質がよいのでカジュアルなボーダーもよそ行きに見えます。

YURI PARK

クラシカルな可愛さが魅力
親族の集まりやパーティなどスペシャルなシーンに。スリーピース
なども豊富で、お行儀がよく見えるところが気に入っています。

すべてTartine et Chocolat

Daily

ファストブランドこそシンプル＆ベーシックに徹します

普段着は気軽に使えるファストブランドが強い味方！ お手頃な価格のものでも、優しいベーシックカラーのシンプルなデザインを選べば上品に見える気がします。ボーダー柄やカウチンニット、デニムシャツなどアイテムが親子でかぶることも多々！

上段左から右にデニムシャツ／GAP、デニムシャツ／H&M、ボーダーニット／GAP、白ポロシャツ／GAP、中段：白カーデ／GAP、カウチンニット／GAP、ボーダーニット／ZARA、下段：グレーニットパンツ／GAP、白の帽子／ZARA、ポンポン帽子／GAP、ストライプシャツ／ZARA

ママになって、おもたせに詳しくなってきました。

子供ができてから、ぐっと増えたおうちでの集まり。
差し上げて喜ばれた＆いただいて嬉しかった厳選おもたせをご紹介します。

"福砂屋"の
キューブカステラ

仲良しのママ友宅でお茶する時などに。
1箱に2切れ入りの食べきりサイズが便利。
フクサヤ キューブ ギフトセット
5個入り¥1,458（福砂屋）

"いなり和家"の
いなり寿司

夜食や差し入れなどにぴったりの小ぶりの
いなり寿司。上品なお味でつい手が
止まらなくなります。※完全予約制桐箱1箱
（18個入り）¥4,000（いなり和家）

"美々卯"の
うどんすきセット

産後、友人から差し入れをしてもらい
すごく嬉しかったのがこちら。出汁、薬味つきで
調理の手間もなく本格的な味が楽しめます。
持ち帰りうどんすき 2人前用¥8,000（美々卯）

"紫野和久傳"の
れんこん菓子 西湖

涼しげで上品な和菓子は少しかしこまった場や年上
の方へ差し上げるシチュエーションに。
つるんとした食感でさっぱりと食べられます。
西湖 竹籠10本入り¥3,294（紫野和久傳）

"空也"の
空也もなか

和菓子の名店の逸品は年配の方や先輩の
ご家族に。パリパリの種と上品な粒あんの
組合せは鉄板の美味しさです。空也もなか
化粧箱10個入り¥1,130（空也）

"ベジターレ"の
トマトクリスタル

越前トマトのエキスを一滴ずつドロップした
透明なトマトジュース。ホームパーティなどに。
トマトクリスタル 100%トマトジュース
（ストレート）300ml1本¥1,850（ベジターレ）

"TORAYA CAFÉ" の
TORAYAあんパン

手軽に食べられてボリュームもあり、
産後の友人への差し入れに重宝しました。
TORAYAあんパン こしあん／小倉あん 各¥184
（TORAYA CAFÉ 六本木ヒルズ店）

"ヨックモック" の
シガール

これを嫌いな人はいないと言っても過言では
ない永遠のスタンダート。会社などで
たくさんの方にお配りしたい時にも便利。
シガール20本入り ¥1,458（ヨックモック）

"ショコラティエ・エリカ" の
チョコレート詰め合わせ

パッケージもオシャレなチョコレート詰め
合わせは女友達数人で集まる時などに。
おしゃべりしながらつまむのにぴったり。
ソラネル¥3,109（ショコラティエ・エリカ）

"近江屋洋菓子店" の
フルーツポンチ

子連れのホームパーティにはもちろん、
果物不足の独身の男性に差し上げても
喜ばれます。カラフルな見た目もきれい。
フルーツポンチ（箱入り）
¥3,078（近江屋洋菓子店）

"桃林堂" の
小鯛焼

敬老の日や祖父母のお誕生日など、おめでたい
場やお祝いの席に最適。小ぶりサイズで
年配の方にも召し上がっていただきやすい。
小鯛焼 篭 5個入り¥1,458（桃林堂）

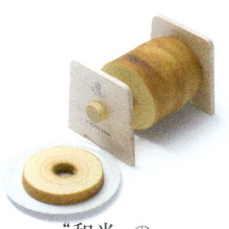

"和光" の
ロアベールバウム

台ごと袋詰めされたバウムクーヘンは
お子さんのお誕生日会に持参すると盛り上がる
こと間違いなし。切り分ける作業も楽しい！
ロアベールバウム ¥6,480（和光）

相手を思いやれる贈り物上手を目指しています

お祝いやお世話になったお礼など、人に贈り物をするのが大好き！
性別や生活スタイルに合わせて喜んでいただけそうなものを選びます。

for ladies

セレブ・デ・トマトの
トマトの宝石箱

オシャレで美意識の高い女友達などに。
見た目も華やかで開けた時に「わぁ！」と
喜んでいただけます。トマトの宝石箱
（ギフト箱入り）¥5,000（セレブ・デ・トマト）

Bijou de Mの
パールチェーン

サングラスやメガネに使えるパールの
グラスチェーン。母の日のプレゼント
としてもおすすめです。
パールチェーン¥32,400（Bijou de M）

for men

有次の
ビアコップ

包丁が有名な老舗ですが、隠れた名品が
ビアコップ。割れる心配がなく
長く愛用していただけます。引出物やお祝い返し
としても。銅ビアコップ¥8,640（有次）

クラシクス・ザ・スモールラグジュアリの
ハンカチーフ

相手に気を使わせず、ちょっとしたお礼をしたい時に。
男性にイニシャル入りのギフトは新鮮で喜ばれます。
ハンカチーフ各¥2,160、イニシャル刺繍¥432
（クラシクス・ザ・スモールラグジュアリ）

unisex

HIROFUの
アンブレラ

しっかりしたつくりで我が家でも夫婦で
愛用中のヒロフの傘はよいものを知り尽くした
大人の方に。自分で買うには少し贅沢な日用品は
特別な日の贈り物に最適。傘（私物）

ワイヤードビーンズの
生涯を添い遂げるグラス

"生涯補償つき"のグラスは結婚するお二人への
ギフトとして。生涯を添い遂げるグラス
ロックグラス トランスペアレントグラス 木箱付
各￥5,400（ワイヤードビーンズ）

私と息子のお気に入り

食事やお風呂、寝かしつけなど子供との一日はやること満載！
息子も自分もハッピーになれる可愛くて便利な赤ちゃんグッズで
日々の子育てを楽しんでいます。

息子が大好きな
お風呂の友

バスタイムに便利なカラフルな釣りのおもちゃ。
息子に持たせ、集中して遊んでいる間にシャンプーハットをつけて頭や体を一気に洗ってしまいます。気に入って離さず2〜3個持ったまま一緒にお風呂を出ることも（笑）。

LUDIバスフィッシングセット

スキンケアは肌に
優しいものを厳選

スキンケアは子供の肌に安心して使えるものをセレクト。ボディソープは泡で出るタイプとリキッドタイプの二つを愛用しています。洗う時はミニサイズの海綿を愛用。片手でぎゅっとしぼったり顔を拭いたりできて便利です。

左から
メディスキンベビー ナチュラルベビーバーム
エルバビーバ ベビーボディウォッシュ
ブランネージュ AT BABY ソープ
エルバビーバ ベビーオイル
KENT ベビー用ヘアブラシ

抱えて離さない
最愛ブランケット

生まれた時から息子の大の
お気に入りのカシウエアの
ベビーブランケット。
気持ちが落ちつくらしく、
渡してあげるとずっと
スリスリしています(笑)。
クマのぬいぐるみは1歳の
バースデープレゼントに。

すべて kashwere

アクセントになる
ひとクセスタイ

普段シンプルな服が
多いので簡単に印象を
変えられるデザインスタイが
重宝しています。飾り部分は
取り外すことも可能。
柄が入っていると、シミや
汚れが目立たないという
隠れたメリットも。

左
bib-bab
中央、右
MARLMARL

ねんね時間に重宝
する3点セット

お風呂上がりはクラシックの
CDをかけておやすみモードに。
お気に入りのぬいぐるみ、
チャチャ丸を枕にしてみたり
何かしゃべりかけたりしている様子は
見ていてほのぼの(笑)。
ベストは朝晩肌寒い時の
羽織りとして活躍。

doll ／ blabla
vest ／ GAP

ママバッグはトートとクラッチを
2個持ちしています

子連れのお出かけは息子のおやつや着替えの入ったメインのママバッグに、お財布や携帯など自分のものをまとめたクラッチバッグをIN。中身がごちゃつかずすっきり整理できます。

ママバッグは中身が響かないしっかり素材をチョイス

メインのママバッグには大容量のトートバッグや大きめのショルダーバッグを愛用。へたっとしない素材のしっかりしたもの、レザー使いなど大人っぽく持てるものを選ぶようにしています。

左から Releve、Ralph Lauren、THE CONRAN SHOP、Hervé Chapelier、Ralph Lauren、SUITE 107、L.L.Bean

自分の荷物はクラッチにまとめれば迷子になりません

子供が生まれる前から、変わらず好きなクラッチバッグ。お財布や携帯、リップなど自分の持ち物はすべてこの中にまとめて入れています。
ママバッグの中で自分のものが迷子にならないし、ちょっと席を離れる時などにクラッチだけ出して持ち歩けるので便利です。

左から DI CLASSE、SUPER A MARKET、STELLAR HOLLYWOOD、STELLAR HOLLYWOOD、PRADA、STELLAR HOLLYWOOD

ママバッグの中身をお見せします

オムツやおしりふき、哺乳瓶など子供とのお出かけは何かと大荷物に。
実用的で見た目も納得のいくものを厳選して持ち歩いています。

子連れお出かけのスタメン選手たち。息子のイニシャル入りのオムツ入れ、自分の名入りのおしりふきケースは使いやすくオリジナリティが気に入っています。アカチャンホンポのボウロ入れ、紙パックケースは出先でちょっとおやつをあげたい時に。替えスタイも必ず持参します。ドット柄の哺乳瓶入れはケイト・スペード、保温性抜群の魔法瓶はコンランショップで購入。息子のお気に入りのぬいぐるみ、通称しましま君も一緒に。

1. SPARA , 2. HAPPY MONOGRAM , 3. 4. アカチャンホンポ , 5. THE CONRAN SHOP , 6. kate spade , 7. MARLMARL , 8. ORGANIC FARM BUDDIES

子連れでOKな行きつけアドレスはここです！

Daily

NIRVANA NEW YORK TOKYO
平日お昼のカレービュッフェはママ友ランチの定番。ベビーカーでも入店できてゆったり食事できます。東京ミッドタウン内なので、おむつ替えや授乳室の心配もなく安心。
住所／東京都港区赤坂9-7-4
東京ミッドタウンガーデンテラス 1F
TEL／03-5647-8305　定休日／無休（ビル休館日を除く）

西麻布 イマドキ
落ち着いた雰囲気のモツ鍋屋さん。お座敷タイプの個室があるので何人かでワイワイ集まりたい時に重宝します。モツ鍋以外にも子供が食べられそうな一品料理も揃っています。
住所／東京都港区西麻布2-25-19 バルビゾン28 1F
TEL／03-5466-3899　定休日／無休（年末年始を除く）

HONMURA AN
本格的なお蕎麦がいただける大好きなお店。子供連れにも優しくお店の方が温かく対応してくださるのでランチでもディナーでも安心して伺えます。ベンチシートの席もあり。
住所／東京都港区六本木7-14-18
TEL／03-5772-6657　定休日／月曜・第1・3火曜日

炭火焼肉 東海亭
焼き肉を食べたくなったらここへ！　個室かベンチシートの席をよく利用します。上タン塩が美味しくておすすめ。ゆったりとした空間で子供がいても過ごしやすい。
住所／東京都港区西麻布1-13-16
TEL／03-3746-4555　定休日／無休

Special

ステーキハウス ハマ 六本木本店
最高級の黒毛和牛が味わえるステーキハウス。目の前の鉄板で調理してもらえます。お昼は比較的リーズナブルに楽しめるのでママ友ランチにもおすすめです。個室もあり(有料)。
住所／東京都港区六本木7-2-10
TEL／03-3403-1717　定休日／無休

六本木　浜籬
家族で特別な日に通う、フグのお店です。絶品の天然フグをオリーブオイルとお塩でいただいたり、シンプルにお出汁でいただいたりなど好みのスタイルで堪能できます。
住所／東京都港区六本木7-14-18 7＆7ビル 2F
TEL／03-3479-2143　定休日／無休（シーズンオフの4月〜9月は休業）

東京 芝 とうふ屋うかい
お座敷があり、お庭もあって写真映えもするのでお食い初めや家族のお祝いなどに最適。お料理もお豆腐を中心とした体に優しいものが多いので、年配の方にも安心です。
住所／東京都港区芝公園4-4-13
TEL／03-3436-1028　定休日／不定休（月1回月曜）

IL Brio
六本木ヒルズ内のイタリアンレストラン。ランチタイムも営業しているのでママ友のお誕生日会などにもぴったりです。ワゴンからお料理を自由に選べるスタイルが楽しい！
住所／東京都港区六本木6-10-1
六本木ヒルズウエストウォーク 5F
TEL／03-5414-1033　定休日／無休
＊小学生以下の子供は個室の空き状況によって対応可能

Column back to VERY

子連れリゾート旅行では
白アイテムが主役です。

荷物の多い子連れ旅行は、ワードローブを厳選することが必須。
頼りになるのは"白アイテム"です。
アクセサリー要らずで華やかに見えて、着回し力もあり
帰ったら漂白剤で一気にお洗濯すればOK！ママ旅の強い味方です。

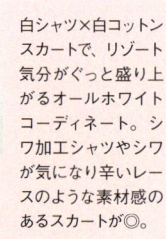

白シャツ×白コットンスカートで、リゾート気分がぐっと盛り上がるオールホワイトコーディネート。シワ加工シャツやシワが気になり辛いレースのような素材感のあるスカートが◎。

ビーチでさらっと羽織るカフタンも白ならリッチに見え、水着の色も選びません。甘いデザインは街っぽくなり海で浮くので、大人っぽいエスニックテイストのものを選びます。

白ストールは、旅先の体温調節はもちろん、1枚で印象をぐんと華やかにしてくれるアクセサリーとしても優秀。ビーチで肌を焼いた後、ホテルのレストランに直行も可能です。

白T×ショートパンツのカジュアルなスタイルもオール白なら洗練度がぐっとアップ！ショートパンツはコットン素材でも、短すぎない丈、センタープレスを選べば大人っぽく。

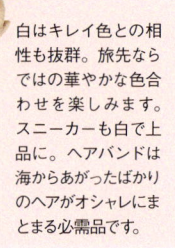

白はキレイ色との相性も抜群。旅先ならではの華やかな色合わせを楽しみます。スニーカーも白で上品に。ヘアバンドは海からあがったばかりのヘアがオシャレにまとまる必需品です。

110

これに in

子供グッズは使い慣れたものを持参

1.口に直につけるスプーンもいつも愛用しているOXOを。2.消毒できるか不安だった哺乳瓶はピジョンやbibiを持参。3.サガフォルムの水筒には熱湯を入れ携帯。エビアンと混ぜれば出先でもミルクが作れます。4.これさえあれば息子がご機嫌。カシウェアのブランケット。5.オーガニックマドンナの日焼け止めとパーフェクトポーションの蚊よけスプレー、薬類も日本で準備。6.GETRONのベビー用枕。7.軽くてかさばらない大望のオーガニックドライフレークは、お湯で戻せば離乳食に。

赤ちゃん本舗の使い捨てグッズが便利です

1.大王製紙の使い捨てオムツつき水着。2.使い捨てのスタイは旅先のマストアイテム。3.いつどこでオムツ替えになるかわからないから使い捨てのオムツ替えシートも持参。4.肌荒れが気になる時はオムツ替えの時にアヴェンヌウォーターで汚れを落としてあげることも。5.赤ちゃん用のお風呂がない時に体を拭いたりなど何枚あっても使えるガーゼ。

旅先でも軽量バギーと黒抱っこひもが活躍

1.抱っこひもは夫と兼用中の黒のonya baby。2.機内にバギーを持ち込めるストッケのベビーカーカバーはスーツケースのように使えて便利。ベビーカー、バウンサーはもちろん子供グッズもまとめてこの中に。3.少し長めの滞在の時はバギーも持参。軽量のコンビは旅先にぴったり。4.ホテルにベビーベッドがない時もベビービョルンのバウンサーがあれば安心。

気楽に行ける子連れ温泉旅ならここがおすすめです

強羅花壇
産後に子連れで訪れ、丁寧なサービスとホスピタリティに改めてそのよさを実感。お部屋も清潔感たっぷりで居心地よく、ゆったりとリラックスして楽しめます。
住所／神奈川県足柄下郡箱根町強羅1300
TEL／0460-82-3331

ATAMI せかいえ
オムツやベビーベッドを用意してくれたり哺乳瓶をマメに交換してくれたりなど、子供に対するケアが抜群で子連れ旅行初心者さんでも安心。同じ系列の「箱根・翠松園」「熱海 ふふ」もおすすめです。
住所／静岡県熱海市伊豆山269-1
TEL／0557-86-2000

柳生の庄
息子との初旅行に訪れたのがこちら。温泉好きのお友達に教えてもらいました！ アットホームで温かいサービスが受けられます。お料理も温泉も最高でリピートしたくなりました。
住所／静岡県伊豆市修善寺1116-6
TEL／0558-72-4126

箱根吟遊
子連れにも優しい人気のお宿。全室露天風呂つきです。眺望も素晴らしく館内の様々な所から、箱根の自然が楽しめます。日頃の喧騒から離れて心からゆっくり過ごせます。
住所／神奈川県足柄下郡箱根町宮ノ下100-1
TEL／0460-82-3355

111

Chapter-6

Beauty

毎日おうちでセルフ美容を
楽しんでいます

小さな子供がいる今、自分の好きに使える時間は
ごく限られているのが現状。でもそれを言い訳に美容から
離れていってしまうのではなく、今のライフスタイルの中で
無理なく楽しんで実践できる方法を追求したいと思っています。
短時間でできるメークや息子が寝た後のお風呂タイムの充実など
私なりの工夫で毎日の美容タイムを楽しんでいます。

113

普段はノーファンデ。素肌を生かしたシンプルメークです

Make up

プライベートは眉とアイライン、リップくらいの簡単メーク。ファンデーションもつけません。眉は発色がきれいなアナスタシアのアイブロウ、アイラインはにじみにくいのに綿棒ですっと落とせるラブフローのペンシルを愛用しています。口元は保湿力抜群のアヴェダのリップクリームにジバンシイのベージュリップを。唇にほんのりニュアンスを与えるくらいのナチュラルな色味で使いやすいです。もう少しきちんとしたい時はサンローランのコンシーラーで気になる部分をカバーしつつアディクションのオレンジチークでヘルシー感、コスメデコルテのお粉で透明感をプラス。ケサランパサランのエクステ用マスカラで目力を足して少しお出かけ風に仕上げることも。

上／ジバンシイ ルージュ・ジバンシイ 101 ベージュ・モスリン、左から右へ／アナスタシア ブロウパウダー DUO ミディアムブラウン、ラブフロー デュアルクチュールライナーフォーアイ、イヴ・サンローラン ラディアント タッチ NO. 2、アヴェダ リップセーバー、ケサランパサラン ラッシュリフター BK01、アディクション ブラッシュ 23 オータムアフタヌーン、コスメデコルテ AQフェイスパウダー N

色々試して辿り着いた、現在の基礎化粧品ラインナップ

Skin care

基礎化粧品は昔から愛用している定番のものもありますが、季節のスペシャルケアやメークさんに教えてもらった新アイテムなど、臨機応変に取り入れています。何年も前から使っているタカミのスキンピールは使うほどにお肌が柔らかくなって透明感がアップ。同じくMY定番のドクターKのシリーズは毛穴レスな肌づくりに欠かせません。dプログラムのクリームは産後、肌が乾燥してしまった時、色々試してこれが一番潤うと実感した優秀アイテム。洗顔の最近のお気に入りはヘアメークの森ユキオさんプロデュースの泡立ち抜群の黒の石鹸＆ケサランパサランのクレンジングミルク。スックのスクラブはシートパックの前の角質ケアとして愛用しています。

左から／タカミ タカミスキンピール、HMC ミラクルワンソープ、資生堂 dプログラム モイストケア クリーム、ケサランパサラン クレンジングミルク、ドクターケイ ケイカクテル Vローション、ドクターケイ ケイパーフェクトモイスチャーミルク、スック モイスチャーマッサージスクラブ

香りはシーンに合わせてこの3つを使い分けています

Perfume

子供と一緒にいる時など、香水は極力つけたくないけどちょっとだけ香りを楽しみたい、そんな時によく使うのがローレルのボディコロン。髪やボディに手軽に使えて、清潔感のある香りがふんわり自然に漂います。持ち歩きもしやすいサイズで、仕事先での気分転換にもぴったり。甘すぎないので男性がつけても素敵だと思います。ファッションブランドの展示会など、少しモードな気分の時は、ナルシソ ロドリゲスのフレグランスを。華やかで自立した大人の女性がつけていそうな、ちょっぴりスパイシーでセクシーな香りが気に入っています。何本かリピート買いしているBond No.9は車の中で愛用。エンジンをかける前に軽く振って香りづけをしています。

左から／LAUREL（＊現在はshiroにブランド名変更）、narciso rodriguez、Bond No.9

My Standard Nail

ネイルはピンクかベージュ、足は赤が定番です

私のネイルの趣味はかなりコンサバ。指をきれいに見せられて
清潔感も出るピンクかベージュといったナチュラルな
色味がほとんど。ペディキュアは潔く女らしい赤を選ぶことが多いです。
いつも青山のペネロピさんでお願いしています。

グレー×ベージュ×白の3色を使ったフレンチでちょっとシックに。足は艶のあるボルドーで大人っぽくしました。

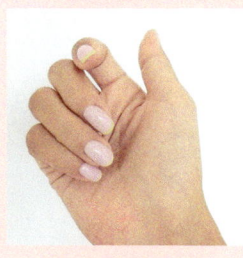

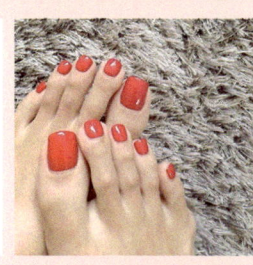

上品なグレージュのベースにイエローのフレンチで大人の遊び心をプラス♡ 足は元気な気分になれる鮮やかレッドで。

透明感のあるクリアピンクにシルバーラインのシンプルフレンチ。ペディキュアは赤ベースに親指のみ☆マークを。

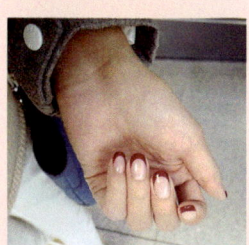

先端だけ"赤"を効かせ、女らしくセクシーな雰囲気に。ペディキュアは肌がきれいに見える深みのあるブラックレッド。

117

Beauty
一年中お風呂美容をしています

美容のためにも健康のためにも"冷えないこと"は季節を問わず常に意識。
体を温めながらボディケアができるお風呂タイムを大事にしています。

息子を寝かしつけて主人に見てもらっている間、改めてひとりでお風呂に
入りなおすことも。毎日は無理ですが、短い時間でもパワーチャージできます！

私の毎日の"お風呂美容"の舞台でもあるバスルーム。明るくて開放的なので、朝、お仕事の前などに入っても気持ちがいいです。
ウッドのバスシンクラックはリビング・モティーフで。メタルのものがいいという主人と意見が分かれ、結局二つ購入しました(笑)。

お風呂場を切り替え空間にしてくれるインバスアイテム

In bath

Hiroko.Kとの初の出会いはマンダリン オリエンタル 東京に宿泊した時、お部屋に置いてあったことがきっかけでした。上質な香りにやみつきになってしまい、一瞬でファンに。ピュリファイング メルティング オイルは名前の通り水にさらっと溶けてべたつき感が一切なく、かつ汚れも落とせて保湿もできるという優れもの。バスルームの中がいい香りで満たされ優雅な空間に。朝と夜で2種類の香りを使い分けています。イラのバスソルトは天然のミネラルと良質なオイルでお肌がすべすべに。さっぱりした香りで朝にもぴったりです。イソップのボディウォッシュは全種類をストック。どの香りも甘すぎず、ユニセックスに使えるので夫と共有しています。

左から
Hiroko.K ピュリファイング メルティング オイル バス&シャワー CALMING／AWAKENING ila バスソルト インピース
イソップ ボディクレンザー 11／コリアンダー ボディクレンザー／ダマスカン ボディクレンザー

お風呂上がりのケアは香りと使用感にこだわります

Out bath

お風呂上がりはお気に入りの音楽をかけながらゆっくりとボディケアを。Hiroko.Kのトリートメントオイルを体全体に馴染ませてから眠ると、翌朝ベッドがふんわりいい香りに包まれていてなんとも幸せな気持ちになります。ルラボのボディローションガイアック10はムスクの甘い香り。朝、シャワーを浴びた後、香水の代わりにつけることも。さっぱりしたい気分の時にはスリーのエマルジョンを。さらっとしていて伸びがよく、夏にもぴったりです。においに敏感になっていた妊娠中の救世主だったのが、柑橘系の香りがさわやかなヴェレダのシトラスボディミルク。ヘアアイテムは頭皮と髪を健康に保ってくれるTWIGGYのヘアトニックを愛用。頭皮のマッサージをしています。

左から
Hiroko.K バランシング オイル ボディ&ヘアー マインド アウェイクン　ルラボ BODY LOTION - 237ML GAIAC 10（東京限定）
THREE フルボディ エマルジョン AC R　ツイギー YUMEDREAMING ヘアトニック　ヴェレダ シトラスボディミルク

Beauty
インナーウェアはベージュ・白が8割、黒が2割です

インナーウェアの大部分はベージュ系や白。普段から白やライトグレーなど薄い色のお洋服をよく身につけることもあり、下着のラインが出てだらしなく見えないよう、透け感には気をつけます。
地味になりがちなベージュ下着こそ、女らしく素敵に着られるデザインにこだわります。

日常使いに最適な優秀下着

ペコブラは胸をしっかりホールドしてくれるのに締めつけ感がなく体に吸いつくようにフィット。これをつけてから肩こりが解消されました。ショップできちんとメンテナンスしてくれるところも安心。アンブラは上品で大人っぽいデザインのものが見つかります。
お手頃価格なので日常使いに最適。

上からベージュ、黒　GABRIELLE PECO
ベージュ　ANNEBRA

華やかな見た目ながら驚くほど丈夫

肌着=見えたら恥ずかしいもの、という概念を覆すオスカリートのインナーウェア。レースが上品でシャツやVネックニットの胸元からちらっと見えても素敵です。着心地のよさはもちろん、何度お洗濯しても風合いが変わらず、レース部分もヨレずにきれいなままというのもすごい！見た目以上に暖かなので秋冬も活躍します。

ともに OSCALITO

何年も手放せないチューブトップ
かなり昔に購入したものなのですが、優秀すぎて今でも
ヘビロテしているシンゾーンのチューブトップ。一見どこにでも
ありそうなデザインなのですがフィット感が絶妙で
ずり落ちてこないんです。夏場はもちろん、秋冬も胸開きが
広めのニットを着る時などに活躍。今はもう同じものは
売っていないようなので、大切に着ています。

すべて Shinzone

Chapter-7

Interior

暮らしの こと

今の家は光がたっぷり入るところと、どの部屋からも
中庭の緑が目に入るところが気に入っています。
インテリアは主人が主導でセレクト。シックでありながら
ほっとできる、温かみのある雰囲気にしたいというのが
夫婦共通のイメージです。何もない休日、親子3人で
ゆっくりと過ごすおうち時間は何より幸せなひとときです。

Kitchen ──［キッチン］
料理しながら子供部屋とダイニングを見渡せるのがお気に入りです

朝起きると、まずキッチンに向かいコーヒーを入れて、朝ごはんの支度をします。お料理中もダイニングルームと子供部屋が一目で見渡せて、常に家族の気配を感じられるところが気に入っています。ホームパーティの時はここでみんなでワイワイお料理したりも。

Dining ── [ダイニング]

中庭の緑を見ながら食事を楽しみます

ダイニングにはグリーンを感じながら食事ができるよう、パキラの木を。テーブルと椅子は主人が前から使っていたB&Bのものです。
白い椅子の中にあえて2脚だけ紫のものを混ぜたのは主人のアイデア。唯一私が選ばせてもらった(笑)、シャンデリアはフロスのものです。

早朝の仕事がない日は、ここでゆっくり息子との朝ごはんを。優しい光が入ってくるので、食事をするのにちょうどいいです。
息子の椅子は大きくなっても使えるストッケのトリップ トラップ。ベビービョルンのスタイは椅子の色と同じ紫をセレクト。

ガラス戸の食器棚は主人が東京
ミッドタウンのTIME&STYLEで
特注で作ってもらったもの。
中には、お互いが独身時代に
集めていたり結婚してから選んだりした
エルメスやバカラなどお気に入りの
食器コレクションをディスプレイ
しています。ライトがつくのが
彼なりのこだわりだそうです。

Tableware ── [テーブルウェア]
お気に入りの食器たち

1.主人がバーニーズで購入したポット&シュガー。ポットはシンプルなのに遊び心があるところが気に入っています。容量があるので来客時にも使いやすいです。

2.出産のお祝いにプレゼントしていただいた漆の食器は親子3人の名前と干支が入った特別なもの。
お食い初め用にいただいたものですが、普段も大切に使っています。

3.馬場勝文さんのミルクパンはちょっとお湯を沸かしたい時や離乳食づくりに大活躍。素朴でほっこりしていながら、スタイリッシュな雰囲気もあるところが好きです。

4.焼き魚に便利な四角いお皿と豆皿はすべてネットで購入。特に意識したわけではないのですが、気がつけば和食器はブルーの柄のものが多く集まりました。

5.ケイト・スペードのカップ&ソーサーはブルーとゴールドの縁取りの組合せに一目ぼれしたもの。かなり昔に買ったものですが今でも気に入っていてよく使います。

6.海外やデパートなどで少しずつ買い足した籐のコースターやランチョンマット。和洋どちらのテイストにも合い、我が家のインテリアにも馴染む気がします。

Living room —［リビングルーム］

家族はもちろんお仕事仲間も集う、オープンスペース

暖炉とテラスは家を決める時の主人のリクエスト。お仕事関係のお客様が来ることも多いので、皆がくつろげる温かで風通しのいい空間を目指しました。子供にも安心な丸いセンターテーブルとソファはB&Bのものです。

ホームパーティの時にはガラスの
扉を開け放して中庭で食事をする
ことも。通路でぐるっと囲んだ
ようなつくりになっているので
冬でも暖炉をつければ、
外でも意外に暖かいんです。
あえてカーテンやブラインドは
つけず、開放感と広がりを
重視しました。

Art & green ── [アート & グリーン]

どのコーナーからもアートと植物が目に入ります

我が家のアートはすべて吉井画廊さんのもの。セレクトはすべて主人です。帰宅すると私の知らないうちに、壁の絵が全部変わっていて驚かされることも。彼からアートに関するうんちくを色々と聞くことも多いです。

家族の写真を額装するのは
主人の役目。こういう
ところが本当にマメです。
彼が選んだ息子の写真が
増えていくのを見ると
温かい気持ちになります。

暖炉は扉が閉まるので子供がいても安心。ホーム
パーティなどで主人が焚きます。薪が置かれているのを
見ると今年も冬が来たなという気持ちになります。

ダイニングとリビングの間に置いているデイベッドは
お昼寝スペースとして。ホームパーティの時に
お客様にゴロンとしてもらうのにもぴったり。

Light up —— [ライトアップ]
昼と夜で姿を変える、テラスでの楽しみ

DAY

都会にいても息子に自然を感じてもらいたくて、緑やお花を絶やさないようにしています。テラスのグリーンはすべて信頼をおいているププアさんにおまかせ。もうちょっと子供が大きくなったらここでプール遊びをさせてあげたいなと思っています。

NIGHT

お互いオフの時や母が息子を見てくれている時などは、主人が一杯飲まない？　と誘ってくれることも。夏は蚊取り線香、冬はランタンのキャンドルをともして夫婦でゆっくり会話を楽しみます。子供が生まれても大事にしたい、貴重な時間です。

Kids room —— [キッズルーム]

息子の成長に合わせて少しずつ進化させています

子供が生まれる前は家族のプライベートダイニングにしていた場所を、キッズルームに。キッチンのすぐ隣にあるのでお料理中も様子が見られて安心です。ゲートはアカチャンホンポ、白と色違いで購入したベビーベッドはストッケのもの。

左上／トイレトレーニングのためにアカチャンホンポで購入したアンパンマンのおまる。今はまだ、またがって遊んでしまいますが息子受けは抜群です。

左中／カラフルなバルーンはぶんぶん引っ張るのが楽しいらしく渡すとしばらく遊んでくれます。部屋で場所をとらずかさばらないところも便利。

左下／ミニサイズが可愛いロディのコンセントキャップはネットで購入。息子が午年生まれなこともあり（笑）、馬モチーフのものはつい手に取ってしまいます。

右上／コンランショップの布絵本は軽いので旅行や外出先に持っていくのに便利。読むだけでなくベリベリはがしたりして遊べるので、長い時間楽しめます。

右中／今はもう卒業してしまったけれど5〜6カ月くらいの頃にはまっていたボーネルンドのおもちゃ。木がぶつかる音が可愛く、赤ちゃんに持ちやすい設計になっています。

右下／ぬいぐるみは、見た目の可愛さ以上に触り心地を重視。子供でも違いはわかるようで、長く愛用しているのは肌触りのいいものばかりです。

Bed room —— ［ベッドルーム］
清潔感のある白からオフホワイトで統一

左上／ベッドサイドにはお風呂上がりに使っているマッサージオイルやボディクリーム、息子のおしりクリームなどをスタンバイ。夜、ベッドの上でゆっくりスキンケアするのが習慣です。
右上／今は主に荷物を置く棚として使っているオムツ替え台はストッケのものです。
左下／家族の写真は主人がセレクトしてくれました。
右下／ベビーベッドもインテリアに合わせてストッケの白をセレクト。

寝室は白を基調にコーディネート。スローとクッションはUGG®のものです。テレビを見たりソファでくつろいだりするエリアには締め色としてブラウンのラグを。正面の窓から中庭の緑が見えるのですが、ちょうど窓の位置に鳥が巣を作っているのを発見。子供と一緒に眺めるのも楽しいひとときです。

epilogue —— ［エピローグ］

母として妻としてひとりの働く女性として……。
何役もこなす今こそ、頑張り時です（笑）

　出産してからは、毎日が本当にめまぐるしく、あっという間に過ぎていく気がしています。子供を産み、実感しているのが息子という存在がこれまでの自分の価値観やライフスタイルの幅を何倍にも広げてくれたということ。ファッションや時間の過ごし方もそのうちのひとつ。大好きなハイヒールが履けないならぺたんこを可愛く履く方法を考えてみよう、おうち時間がもっと楽しくなる工夫をしてみよう、とするうちに、自分の引き出しも増えてきました。インスタやブログで同じ子育て中のお母様方から共感や応援のメッセージをいただくことも多くなり、いつも励まされています！

　大切な撮影の前日に息子が突然熱を出したり夜中に具合が悪くなって看病したりと、右往左往することも多々。心身ともに子供にパワーを吸い取られそうになる時も正直あります（笑）。でも、息子が毎日どんどん成長していくのを見ると「"今の息子"と"今の私"の時間は今しかない、今頑張らないでいつ頑張るの！」と前向きな気持ちがフツフツと湧いてくるんです。

　これからも、ママだから「あれもできない」「これもできない」と、消去法でバツをつけていくのではなく、子供がいるからこそできるオシャレや楽しみを追求していきたいし、普段は母の顔だけれど、妻やひとりの女性としての自分もあきらめることなく同時に大事にしていきたいなと思っています。

　もし、同じように考えていらっしゃるママたちが、この本のどこかに共感してくださったり、日々の生活をハッピーに過ごすためのヒントを見つけていただけたら、とてもうれしく思います。

maki tamaru

See you…

Staff List

撮影
曽根将樹〈PEACE MONKEY〉
(p.7-19,25,26,29,30,32,33,53,87-92,94,113,118,119,125-142)
西原秀岳
(p.20-24,27-28,31,34-35,38-39,42-43,46-47,
58-63,67-85,97-99,102-109,114-116,120-123)

本誌再録分
金谷章平、菊地 哲〈MUM Management Office〉
菊地 史〈impress〉、倉本ゴリ〈Pygmy Company〉
曽根将樹〈PEACE MONKEY〉、西崎博哉〈MOUSTACHE〉
(五十音順)

ヘア・メーク
渡辺みゆき

デザイン
大塚將生

編集
翁長瑠璃子、北川編子

取材・構成
塚本桃子、関城玲子(p.86-92,94,95)

撮影協力
吉田画廊、PUPUA、ニルヴァーナ ニューヨーク 東京ミッドタウン、
東京ミッドタウン、ジャガー・ランドローバー・ジャパン

Special thanks to 横山麻里、市村 望

マネージャー／林本 渉(オスカープロモーション)

エグゼクティブプロデューサー／古賀誠一(オスカープロモーション)

美人時間ブック
田丸麻紀スタイルブック
TAMARU MAKI Style Book
To you, from Maki.

2016年3月20日　初版第1刷発行

著者　田丸麻紀
装丁　大塚將生
発行者　駒井　稔
発行所　株式会社 光文社
〒112-8011　東京都文京区音羽1-16-6

電話
編集部 03-5395-8172
書籍販売部 03-5395-8116
業務部 03-5395-8125
メール　bijin@kobunsha.com

落丁本・乱丁本は業務部にご連絡くださされば、お取り替えいたします。
組版　堀内印刷
印刷所　堀内印刷
製本所　ナショナル製本

JCOPY 〈(社)出版者著作権管理機構　委託出版物〉
本書の無断複写複製（コピー）は著作権法上での例外を除き禁じられています。
本書をコピーされる場合は、そのつど事前に、
（社）出版者著作権管理機構（電話: 03-3513-6969　e-mail: info@jcopy.or.jp）
の許諾を得てください。

本書の電子化は私的利用に限り、著作権法上認められています。
ただし代行業者等の第三者による電子データ化および電子書籍化は、
いかなる場合も認められておりません。

©Maki Tamaru 2016
ISBN978-4-334-97858-7　Printed in Japan